沙漠大冒险

李毓佩 著

長江出版傳媒 长江少年儿童出版社

鄂新登字 04 号

图书在版编目（CIP）数据

彩图版李毓佩数学故事. 冒险系列. 沙漠大冒险 / 李毓佩著.
—武汉：长江少年儿童出版社，2018.10
ISBN 978-7-5560-8740-2

Ⅰ. ①彩… Ⅱ. ①李… Ⅲ. ①数学—青少年读物 Ⅳ. ①O1-49

中国版本图书馆 CIP 数据核字（2018）第 164831 号

沙漠大冒险

出 品 人：何龙
出版发行：长江少年儿童出版社
业务电话：（027）87679174 （027）87679195
网　　址：http://www.cjcpg.com
电子邮箱：cjcpg_cp@163.com
承 印 厂：中印南方印刷有限公司
经　　销：新华书店湖北发行所
印　　张：4.75
印　　次：2018 年 10 月第 1 版，2023 年 11 月第 7 次印刷
印　　数：47001－50000 册
规　　格：880 毫米×1230 毫米
开　　本：32 开
书　　号：ISBN 978-7-5560-8740-2
定　　价：25.00 元

人物介绍

小派

1

本名袁周(爸爸姓袁，妈妈姓周)，恰好出生在3月14日，数学成绩又特别好，所以大家亲切地叫他“小派”（小π）。爱动脑筋、思维敏捷，遇紧急情况能沉着应对。

2

小小的年纪却戴了一副厚厚的眼镜，所以得了这个“雅号”。脑子灵活，遇到紧急情况能超常发挥。

坏老头儿

3

心狠手辣的盗宝贼。

4

我们熟悉的阿里巴巴在本书中大变身了！

目录

CONTENTS

寻找外星人留下的数学题

带弯刀的阿拉伯男人

暑假到了！小派和小眼镜这对好朋友早就想利用假期外出旅游。这不，他们俩这回来到了埃及。到了异国他乡，两人真是看什么都觉得新奇，东瞧瞧，西看看，怎么看也没个够。正张望间，他们俩遇到一个骑着毛驴、穿着阿拉伯服装、佩带着阿拉伯弯刀的中年男子。

小眼镜一努嘴："小派，看，这个人是谁呀？穿着这么奇特。"

听到小眼镜的话，中年男子翻身下驴，从口袋里掏出一张名片递了过来。

他笑嘻嘻地说："不认识我？这是我的名片，好好看看。"

小眼镜接过名片一看，上面没有文字，只写着四组数字：1234、56、78、78。

小眼镜觉得奇怪：“哇，你看哪，他的名字是四组数字！”

还是小派有经验：“翻过来，看看背面有什么？”

小眼镜翻过名片：“嘿，背面有一张表，表里有数字，也有汉字。”

两人仔细研究这张表。

小派说：“你看，表里的每个汉字，上面都有四位数字。”

小眼镜点点头：“而且每个汉字都由左右两部分组成。”

“对！”小派有点儿兴奋，“这样一来，汉字的每一部分都对应一个两位数字。比如说，‘靶’字的左边‘革’对应数字50，右边的‘巴’就对应着数字78。”

50	78
革	巴

突然，小眼镜有了新的发现：“看！名片里最后两组数字就是‘7878’呀！”

小派想了想，说：“‘7878’对应的就应该是‘巴巴’，他应该叫‘××巴巴’。”

“我知道了。”小眼镜反应很快，“‘12’对应着‘阝’，‘34’对应着‘可’，合起来‘1234’对应着‘阿’，而‘56’对应着‘里’，哇，他就是大名鼎鼎的阿里巴巴呀！”

阿里巴巴摸着胡子，笑嘻嘻地说：“你们连我都不认识！我是世界名著《阿里巴巴与四十大盗》的主角，我就是那个会秘诀‘芝麻开门’的阿里巴巴呀！”

“真是阿里巴巴，太好啦！我们俩都可喜欢你啦！”小眼镜高兴得跳了起来。

阿里巴巴眯着眼睛说：“你们两人看起来都很机灵啊。”

小眼镜拍了一下阿里巴巴的肩头：“算你有眼力，我叫小眼镜，你看，我爱读书，所以戴了厚厚的眼镜。我可是十分聪明呢！”

小眼镜一指小派：“他是我的好朋友，叫小派。小派数学特别好！”

“数学特别好？”听了这句话，阿里巴巴眼睛一亮，“那可太好啦！我正在到处找数学特别好的人哪！”

小眼镜感到奇怪：“你找数学特别好的人干什么？”

阿里巴巴表情十分神秘，小声地说：“我听说，外星人在埃及的大金字塔留下了 10 道数学题。”

阿里巴巴朝左右看了看，见四下无人，接着说：“如果有人能把这 10 道数学题找到，并全部正确地解出来，外星人就会带他到火星上去玩。”

“这是真的？”小眼镜诧异地张大了嘴巴。

小派慢吞吞地问：“这样的好事，你为什么不去金字塔找找呢？”

“我一直想去找。嗨！我的智商极高，偏偏数学不好。所以我想找一个数学好的人和我一起去。”阿里巴巴挠挠耳朵，有点儿不好意思地说。

小派摇摇脑袋：“奇怪呀，智商高而数学不好？”

阿里巴巴似乎有些遗憾：“可惜呀！现在是数学好的人不多，数学不好的人满街跑。我找了这么多日子了，竟一个数学好的人也没有找到。”

小眼镜一拍胸脯：“让我们哥俩跟你去，好吧？”

“也不是不行，不过，我先要出道题考考小派，看看他数学是不是真的那么好。”

“请随便出题。”小派马上进入状态。

阿里巴巴十分严肃地说：“有一道数学题困扰了我十多年了。题目是：两个数的和大于其中的一个加数 21，也大于另一个加数 19，这两个数的和是多少？”

“哈哈，这么简单的问题还用问小派？还困扰了你十多年？我来告诉你：一个加数是 21，另一个加数是 19，这两个数的和就是 19 + 21 = 40 啊！”

阿里巴巴竖起大拇指：“这么快就算出来啦！真了不起呀！”

“这么简单的问题，小学一年级学生都会算哪！哈哈——”小眼镜笑得前仰后合。

阿里巴巴没乐，反而更加严肃了：“还有一道更难的题，我费了 20 年的脑筋，直到现在还没做出来。有一个一位数，这个数的两倍是个两位数。如果把这个两位数写在纸上，倒过来看，就变成这个一位数的自乘了。问这个数是几？”

小眼镜觉得这道题有点儿难度，就看了一眼小派。

小派心领神会，朝小眼镜点点头，说：“这个一位数必然大于4，不然的话，它的两倍就不可能是两位数了。”

小眼镜解释说：“$4\times2=8$，8是一位数啊！$5\times2=10$，10才是两位数。”

小派接着说：“这个两位数，也只能是10到18之间的偶数，而且倒过来看还是一个两位数，这个数只能是9。因为$9\times2=18$，将18倒过来看是81，$81=9\times9$。”

阿里巴巴竖起双手大拇指：“真了不起！”

小眼镜笑嘻嘻地说：“这第二道题嘛，还够二年级水平。”

“看来你们俩的数学水平没问题。你们等我一会儿啊！”说完，阿里巴巴一溜小跑离开了。

“跑了？不会是骗子吧？”小眼镜说。

小派没说话。

过了一会儿，阿里巴巴找来一头单峰骆驼，他说：“这里离大金字塔还比较远，你们俩骑这头骆驼，我还骑我的毛驴，咱们出发！”

奔向金字塔

阿里巴巴骑驴走在前面，小派、小眼镜共骑一头骆驼跟在后面。沿途有许多枣椰树，呈现出一派美丽的阿拉伯风光。

小眼镜不断看向阿里巴巴腰间的阿拉伯弯刀，那弯刀做得十分精致，刀鞘上还镶嵌着美丽的宝石。小眼镜好奇地问："阿里巴巴，你为什么要带着弯刀？"

阿里巴巴笑笑说："看过《阿里巴巴与四十大盗》这本书的人都知道，四十大盗都被我和我的女仆消灭了。"

小眼镜称赞道："你的女仆好棒啊！聪明得不得了！"

阿里巴巴点点头，表情却变得十分沉重："是啊！虽然说四十大盗死了，可他们的儿子又组成了小四十大盗，到处追杀我，扬言要替他们的父亲报仇。"

小眼镜大吃一惊："哇，多可怕呀！"

正说到这儿，后面忽然飞尘四起，马蹄声急，一队骑着高头大马、身披黑斗篷、手拿弯刀的阿拉伯人冲来。领头的阿拉伯人用手中的弯刀向前一指："我看清楚了，前面那个骑驴的就是阿里巴巴，快追啊！别让他跑了！”说完，马队加速朝这里赶来。

阿里巴巴脸色骤变：“哇，小四十大盗追来啦！”

小眼镜忙问：“怎么办？”

阿里巴巴有些慌了神，他一边摇头，一边快速地抽出腰刀。

眼看着小四十大盗越追越近，小眼镜的脑袋里冒出一个好主意。

小眼镜说：“阿里巴巴，咱俩互换一下衣服，你和小派骑着骆驼按原路走，我骑你的毛驴往另一个方向跑，引开他们。”

阿里巴巴也没有什么更好的主意，只好点点头。两人赶紧互换衣服，阿里巴巴穿上小眼镜的衣服，虽然紧巴巴的，却轻省了许多，而小眼镜穿上阿里巴巴的衣服，就像套上了一个大口袋。

阿里巴巴笑了：“穿上小眼镜的衣服，我可凉快多了。”

小眼镜却一脸苦相：“穿着这么厚的羊皮袄，我非捂出一身痱子不可！”

阿里巴巴和小派骑上骆驼，继续往前走。小眼镜骑上毛驴，朝另一个方向跑去。

阿里巴巴觉得置小眼镜于危险之中，心中有些愧疚，

他叮嘱道：“小眼镜多加小心！唉，小眼镜，咱们怎么联系呀？”

小眼镜回过头，说：“我和小派都有手机。打手机吧！”说完，朝驴屁股狠狠拍了两巴掌，毛驴高叫一声，撒腿就跑。

小眼镜骑着毛驴在前面跑，小四十大盗挥舞着弯刀在后面追，眼看着越追越近。

小四十大盗齐声叫喊：“阿里巴巴，这次你跑不了啦！快快下驴受死吧！”

小眼镜暗笑：“哈，四十个傻小子都上了我的当啦！”

突然，小眼镜把毛驴掉转了头，甩掉身上的长袍，身上只剩下一条小裤衩。

小眼镜站在驴背上，大声叫喊：“喂，小四十大盗，你们看清楚了，我不是阿里巴巴，我是小眼镜。你们追我干什么？”

小四十大盗立刻勒住了马，大吃一惊：“啊，他不是阿里巴巴，是个毛头小孩儿！咱们追他干什么？到别处去找阿里巴巴，走！”说完，小四十大盗掉转马头，扬长而去。

小眼镜心里暗道：“四十个笨蛋也斗不过我一个小眼镜！”

小眼镜掏出手机和小派通话：“小派，小四十大盗全跑了，你们现在在哪儿？”

小派回答：“我们在前面一个沙丘的后面。”

“驾！”小眼镜朝驴屁股猛拍一巴掌，毛驴快步往前跑，小眼镜果然在沙丘的后面找到了小派和阿里巴巴。

阿里巴巴十分佩服：“小眼镜真是智勇双全，一个人力退小四十大盗，了不起呀！”

被阿里巴巴一夸，小眼镜还有点儿不好意思：“嗨，我这是初生牛犊不怕虎。我穿着你这羊皮袍子热得不得了，咱俩快换过来吧！”

“好，好！”阿里巴巴和小眼镜换好衣服，小眼镜和小派还是骑骆驼，把毛驴还给阿里巴巴，三人继续前行。

小眼镜问：“你带我们去哪个大金字塔呀？”

“我带你们去埃及最著名的胡夫金字塔。胡夫金字塔大约建于公元前 2580 年，快有 4600 年历史了。”

“那还不快走！”小眼镜一听特别高兴，又使劲拍了骆驼屁股一巴掌，骆驼一惊，猛地往前一蹿，差一点儿把两人摔下来。

“哈哈！”小眼镜觉得好玩。

又走了一段路，他们终于来到了胡夫金字塔。小眼镜和小派两人骑着骆驼，围着金字塔转了好几圈。

小眼镜兴奋极了：“哇，高大、雄伟都不足以形容金字塔的壮观呀！”

小派赞叹道：“4000 多年前，人类就能造出这么大的金字塔，真是太令人震撼了！”

又唱又跳的老主编

小派和小眼镜正看着金字塔出神，一个披头散发的欧洲人忽然跑过来，他长得胖胖的，五十岁上下，站在金字塔前，像着了魔似的又唱又跳：

金字塔太神秘，太神秘！
金字塔不可思议，不可思议！

小眼镜好奇地问："阿里巴巴，这人是谁呀？"

阿里巴巴介绍说："听说他过去是英国一家杂志社的主编，叫作约翰。他曾对胡夫金字塔各部分尺寸进行过仔细测量，发现了一些奇特现象，他研究了许多年，但对这些奇特现象还是百思不得其解，最后精神失常了。"

对什么都好奇的小眼镜，当然不会放过这件新鲜事，他赶紧下了骆驼，跑了过去。

小眼镜先行了一个举手礼，问道："约翰先生，你说金字塔太神秘，金字塔怎么神秘，又怎么不可思议了？"

约翰见小眼镜问他问题，立刻停止了跳舞。他说："胡夫金字塔可是一座神秘的建筑。它的底座是一个正方形。我测得正方形的边长a=230.36米，金字塔的高h=146.6米。我把正方形相邻两边相加，再除以高。”说着，他在地上列出算式：

$$\frac{a+a}{h}=\frac{230.36+230.36}{146.6}=\frac{460.72}{146.6}\approx 3.142\approx \pi$$

约翰瞪大了眼睛，指着计算结果，说：“你看，金字塔里怎么会藏有圆周率呢？简直是不可思议！不可思议啊！”

小眼镜点点头：“真是不可思议呀！”

约翰见小眼镜同意他的观点，立刻高兴地拉着小眼镜又开始连唱带跳，小眼镜干脆也跟着跳起来。

约翰唱：“金字塔太神秘，太神秘！”

小眼镜唱：“金字塔不可思议，不可思议！”

阿里巴巴怕小眼镜和约翰一样也得精神病，赶紧把小眼镜拉了过来：“你别和他跳了，咱们赶紧进金字塔找外星人留下的数学题吧！”

小派却站住不动了，他自言自语：“金字塔和圆周率π怎么会搞到一起去呢？真是奇怪呀！”

这时，站在旁边的一位年长的埃及学者，给小派做了解释。

埃及学者先在地上画了一个图（图①），他说：“据考证，修金字塔时，先定塔高 $h=2$ 个单位长，取高的一半为直径，在中心处作一个大圆。让大圆向两侧各滚动半周，这样就定出了金字塔的一条底边长，其长度为：

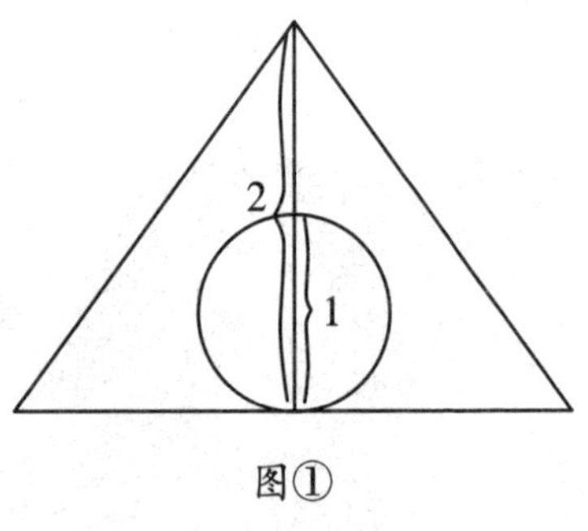

图①

$$a=\frac{1}{2}\times\pi+\frac{1}{2}\times\pi=\pi。”$$

埃及学者接着说：“再利用上面的算式计算，就得到圆周率了：

$$\frac{a+a}{h}=\frac{\pi+\pi}{2}=\pi_{\circ}"$$

小派问：“老爷爷，当时他们为什么要在中心处作一个大圆，而且让大圆向两侧各滚动半周呢？”

“问得好！”埃及学者说，“据考古学家发现，古埃及人丈量长度常用测轮（图②）。当轮子半径一定时，轮子转动一周所丈量的长度恰好等于圆周长。看来，π 出现在金字塔中实际上是测轮起了作用。”

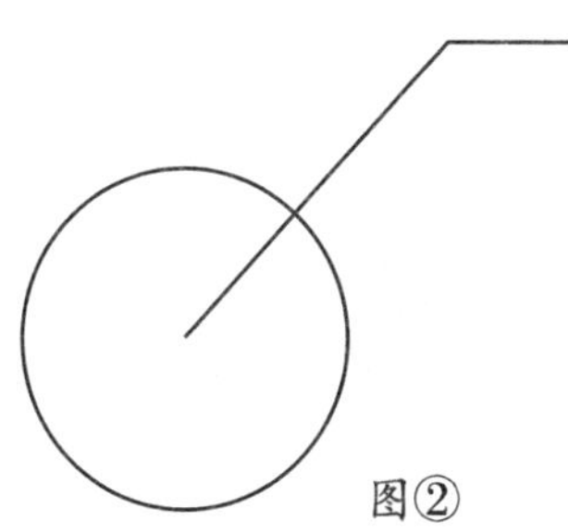
图②

“谢谢爷爷的指点。”小派向埃及学者深深鞠了一躬。

埃及学者笑着点点头：“好，多好学、多懂事的孩子啊！”

阿里巴巴怕约翰又来找小眼镜，他一手拉着小派，一手拉着小眼镜，朝金字塔的大门跑去：“咱们快进去找外星人留下的题目吧！”

小派问：“进了金字塔，咱们上哪儿去找外星人留下的数学题？那些数学题有什么特殊记号吗？”

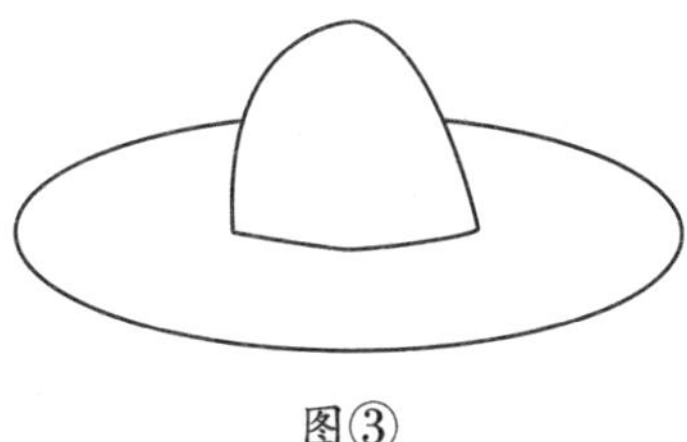
图③

阿里巴巴回答："外星人留下的数学题没有固定地点，常常出现在你预想不到的地方。但是题目上一定会有一个飞碟的记号。"说着，阿里巴巴画了一个飞碟的形状（图③）。

金字塔的门离地面还有十几级台阶，小眼镜带头往上爬。突然，门上面掉下一个土块，正好砸在小眼镜的脑门儿上。

小眼镜大叫："呀！是什么东西？砸死我啦！"

土块掉在地上，摔碎了，从里面掉出一张纸条，小眼镜捡起来，发现上面画有飞碟的记号。

小眼镜异常兴奋："哇，土块里面掉出一张纸条，上面有画和数字，还画有飞碟的记号呢！"小派和阿里巴巴赶紧围拢过来。

只见纸条上画有房子、猫、老鼠、大麦穗、装有大麦的斗。图的下面都有数字。

这幅画是什么意思呢？三个人都在认真思考。

突然，小派拍了一下脑门儿，说："我理解的这幅画

的意思是：有 7 座房子，每座房子里有 7 只猫，每只猫吃了 7 只老鼠，每只老鼠吃了 7 穗大麦，每穗大麦种子可以长出 7 斗大麦。让你算出房子、猫、老鼠、大麦和斗的总数是多少。”

“我来算！”小眼镜自告奋勇，“房子数为 7，猫有 7×7（只），老鼠有 $7\times7\times7$（只），大麦穗有 $7\times7\times7\times7$（穗），大麦种子长出的大麦有 $7\times7\times7\times7\times7$（斗）。”

小眼镜回头看着小派，问：“我做得对不对呀？”

小派点点头。

一看自己做对了，小眼镜信心倍增：“把这几个数相加，有 $7+7\times7+7\times7\times7+7\times7\times7\times7+7\times7\times7\times7\times7=7+49+343+2401+16807=19607$。哇，总数是 19607！”

“正确！”小派又一次肯定了小眼镜的做法。

爬上大通道

算对了外星人出的第一道题，阿里巴巴带着小派、小眼镜继续往上走，来到金字塔门前，发现金字塔的大门紧闭着。

小眼镜张大嘴巴："呀！金字塔的大门怎么是关着的？"

"大门紧闭不要紧，我有开门的口诀呀！"阿里巴巴双手合十，念着口诀："芝麻开门，芝麻开门，芝麻快开门！"

尽管阿里巴巴连念了几遍口诀，大门仍然紧闭着，甚至连个门缝都没开。

小派问："喂，阿里巴巴，你念了半天口诀，这大门怎么没开呀？"

阿里巴巴紧锁眉头："奇怪呀！我的口诀是十分灵验的，今天怎么失灵啦？"

"到了埃及，只有芝麻就不行了！听我小眼镜的吧！"说完，小眼镜双手合十，学着阿里巴巴的样子念起口诀：

“芝麻、巧克力、泡泡糖、胡椒粉、酸黄瓜、小辣椒、炸薯条开门来！”

阿里巴巴听了小眼镜的口诀，哭笑不得：“你这都是什么呀？是口诀吗？酸甜苦辣咸五味俱全。”

“哈哈！时代不同了，口味也在发生变化。”

说也奇怪，小眼镜念完之后，金字塔的大门真的打开了。

“哇，大门打开了！不管念什么口诀，能打开大门就行！同志们，跟我往里冲啊！”小眼镜撒腿就往里跑。

“冲！”小派紧跟在小眼镜身后。

金字塔的门后就是上行通道，他们看见一个戴眼镜的中年人拿着仪器正在测量着什么，一边测量，一边口中还念念有词。

“金字塔里面有人！”小眼镜对什么事情都好奇，他跑过去问，“先生，您这是干什么呀？”

中年人扶了一下眼镜，头也没抬地说：“我在测上行通道和水平面的夹角。”

小派凑过去问：“您测出的角度是多少？”

“26°。可是怎么会是26°呢？”中年人对自己测出的度数表示不解。

小派问：“26°角有什么奇怪的？”

中年人瞪了小派一眼："26° 角就是奇怪得很！你知道吗？这个 26° 可不是一个随便的角度啊！"

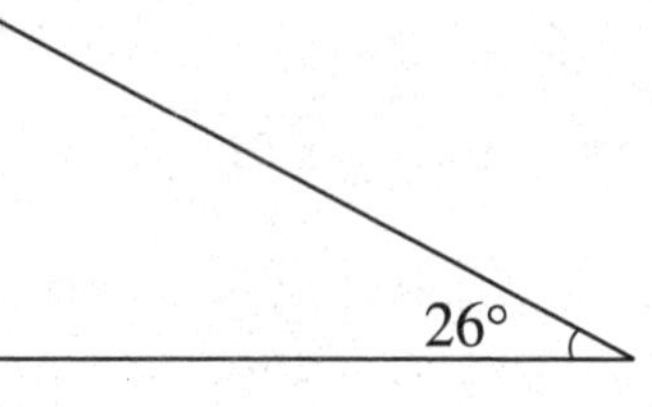

小眼镜问："这个 26° 有什么特殊的？"

中年人先在地上画了一个图（图④），然后指着图说："金字塔是个正四棱锥，侧面是四个全等三角形，侧面和水平面的夹角是 52°，恰好是 26° 的两倍！这难道是偶然的吗？这绝对不可能是一种巧合！"

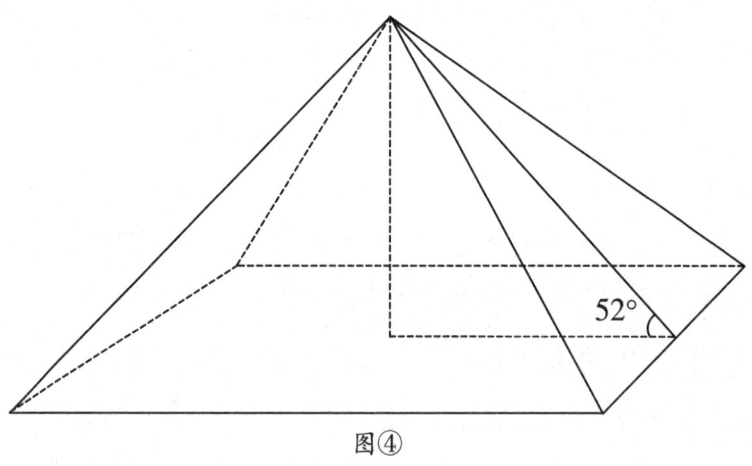

图④

小眼镜没弄懂："这 26° 我还没弄清楚呢，又出来 52° 了，您越说我越糊涂。"

小派问中年人："您知道金字塔这个正四棱锥，侧面和水平面的夹角为什么是 52° 吗？”

“当然知道，我来给你做个试验。”中年人用手捧了一捧沙土，让沙土自己慢慢流下，落下的沙土形成一个圆锥体，“我让沙土自然流下，形成一个圆锥体的沙堆。”

中年人把测角的工具递给小派：“你量量这个圆锥的侧面和水平面的夹角是多少？”

小派刚一量完，就吃惊地发现：“哇，夹角正好是 52°，真的很酷啊！”

中年人解释说：“52° 是锥体最稳定的角度。由于金字塔处在沙漠之中，沙漠中的风沙很大，金字塔必须修建得十分牢固和稳定才行，所以当初的修建者就选择了 52° 这个角度。”

小眼镜拍拍中年人的肩头：“想不到，您还是一位大学者呀！”

小派又问：“那么，上行通道和水平面的夹角为什么是 26° 呀？”

“谁知道这是为什么呀！我要是知道就好了。”中年人说着就开始又唱又跳：

金字塔太神秘，太神秘！
金字塔不可思议，不可思议！

小眼镜听到这首歌，立刻大惊失色："哇，他和刚才那个英国人约翰唱的是同一首歌！他是不是也神经错乱啦？"

阿里巴巴摇摇头："这金字塔里尽是一些不可思议的事，咱们还是走吧！"说完拉起小眼镜就要走。

小眼镜没跟着走："他已经精神错乱了，该赶紧送往医院接受治疗，我怎么能坐视不理呢？"说着，他掏出手机就拨打 120，"喂，是急救站吗？我这儿有一个精神病患者，需要医治。”

对方问：“你现在在哪儿？”

“我在埃及大金字塔。”

“我们去不了埃及，请你求助当地的急救站。”

阿里巴巴苦笑着说：“你打给北京的急救站，人家怎么来得了？咱们赶紧往上爬吧！”

小眼镜忽然发现中年人屁股上贴着一张纸条：“看哪！这位大学者的屁股上怎么贴着一张纸条？”

小派忙说：“揭下来看看。”

小眼镜揭下来，看了看：“哇，纸条上面有飞碟的记号！”

“这是外星人出的第二道题目，怎么会贴在他屁股上呢？小眼镜，你念念题。”

小眼镜大声读题目：“小派5天没撕日历了，他一次撕下了前5天的日历。这5天日历上的数字和是45，问小派是几号撕的日历？”

“外星人认识我？”小派十分诧异，“可是外星人说得不对，我是天天撕日历的。”

阿里巴巴摇摇头说：“不管你是不是每天撕日历，你都得把题目解出来。”

小眼镜在一旁帮腔：“对啊！答不上来，外星人就不带咱们去火星玩了。”

小派不假思索地回答：“是12号撕的日历。”

阿里巴巴大吃一惊：“哇，脱口而出，小派的数学真的很厉害！”

小眼镜表示怀疑：“快是真快，做得对吗？”

阿里巴巴也问：“小派，你是怎么算的？”

小派解释说：“由于是相连的5天，日期必然是相连的5个数。这5个数的和是45，中间的数必然是$45\div5=9$，9号往后数3天，就是撕日历的日子——12号。”

小眼镜眼珠一转，他在琢磨着：“这么说，你撕的是7号、8号、9号、10号、11号这5天的日历。$7+8+9+10+11=45$，对！可是……”

阿里巴巴在一旁问：“小眼镜，你还有什么疑问？”

“这5天有没有可能是跨月份的，比如31号，接着是下月的1号、2号、3号、4号。”

“你想得好！”小派夸奖小眼镜说，“可是$31+1+2+3+4=41$，不够45。如果上一个月取两天，就拿2月份来说，取最后两天27号和28号，但是$27+28=55$，已经超过45了，不可能取。”

“看来只能是12号这一个答案了。”阿里巴巴催促说，“进了金字塔，咱们就快往上爬吧！”

小眼镜眯着眼向上看，问道："上面有什么好看的？"

阿里巴巴兴奋地说："咱们先到王殿看看国王胡夫的木乃伊。"

"木乃伊是什么东西？"

"木乃伊就是经过特殊处理的干尸。"

"干尸？哇！"小眼镜一听见"干尸"二字便吓得晕了过去。原来呀，别看小眼镜人小鬼大，十分聪明，可一听"干尸"二字，便什么胆子都没了。

知识点解析

日期问题

我们几乎每天与时间打交道，一星期 7 天，一天 24 小时，周而复始。要计算时间长度，就要掌握计算时间的方法，通常采用"算头不算尾"或"算尾不算头"的方法。

考考你

2018 年 6 月 27 日为星期三，是孩子们参加夏令营的日子，7 月 6 日为夏令营结束的日子，请问 7 月 6 号是星期几？

巧遇大胡子

小派一看小眼镜晕过去了，可着了慌。他又是拍后背，又是掐人中：“小眼镜，快醒醒，小眼镜，你醒醒啊！”

小派忙活了好一阵子，只听小眼镜嗓子里咕噜响了一声，小眼镜才缓过气来。

阿里巴巴安慰说：“干尸已经存放好几千年了，小眼镜，你不用害怕。”

小眼镜瞪大了眼睛，用颤抖的声音说：“越老越可怕呀！”

待小眼镜缓过劲来，三个人继续沿着黑洞洞的上行通道爬。

阿里巴巴嘱咐说：“爬上行通道也不容易，每爬一步都会遇到危险。”

小眼镜却来了精神：“你不用吓唬我，除了干尸，我什么都不怕！”

正往上走，突然有人大喝一声：“看刀！”接着银光一闪，一把明晃晃的阿拉伯弯刀从黑暗中闪出，直奔阿里巴巴砍去。

阿里巴巴低头闪过弯刀，大叫："哇，要命啦！"他赶紧抽出腰间的弯刀，和这个蒙面人打在了一起。

阿里巴巴架住对方的弯刀，问："你是什么人？敢暗算我阿里巴巴！"

蒙面人回答："我乃小四十大盗的老大是也！阿里巴巴拿命来吧！"

"又是小四十大盗！我小眼镜不能袖手旁观，吃我一个大背跨，嘿！"别看小眼镜长得瘦弱，可他练过中国式摔跤，他抱住蒙面人的大腿一转身，把蒙面人摔倒在地，弯刀也被摔出去老远。

蒙面人大叫："哇呀！我要滚下去了！"说时迟那时快，他已经顺着斜坡骨碌滚了下去。

阿里巴巴好奇地问："小眼镜，你这么小的个子，怎么能把那个大块头摔下去？"

"嘿嘿！"小眼镜搓了搓手，说，"这叫'四两拨千斤'，露一小手，见笑，见笑！"

小眼镜捡起蒙面人掉落的弯刀，高兴地说："这是我的战利品！"

小派一指弯刀："快看，弯刀上还穿着一张纸条呢！"

小眼镜仔细一看，果然不错。他拿下纸条，兴奋地说：

“看哪，上面有飞碟的记号！”

小派忙说：“这是外星人出的第三道题，快给我看看。”

小派开始读题：“把两箱鸭蛋和四箱鸡蛋放在一起，这6箱蛋的数目分别是44个、48个、50个、52个、57个、64个。只知道鸡蛋的个数是鸭蛋的2倍，问哪两箱装的是鸭蛋？”念完题，小派好奇地说：“外星人也吃鸡蛋、鸭蛋？”

阿里巴巴看着小派，问：“这题怎么做呀？”

“先把这6箱蛋的个数加起来：$44+48+50+52+57+64=315$（个），根据‘鸡蛋的个数是鸭蛋的2倍’这个关系可以知道，蛋的总数必然是3的倍数。”

阿里巴巴又问：“往下怎么做？”

“总数的$\frac{1}{3}$就是$315\div3=105$（个）。这6箱中能凑成105的只有$48+57=105$。所以装鸭蛋的必然是装57个和48个的两箱。”

“外星人为什么要把鸭蛋找出来呢？”小眼镜觉得不可理解。

阿里巴巴想了想，说：“也许在他们那个星球上，只有鸡，没有鸭子。”

小派开玩笑说：“照你这么说，他们是想把鸭蛋拿回去，在他们星球上繁殖鸭子喽？”

小眼镜插话："那我可以在他们星球上开一个'全聚德'烤鸭店。哈哈，天天吃烤鸭！"

小派笑着说："也不知外星人爱不爱吃烤鸭？"

小眼镜说："他们爱不爱吃我不管，反正我们又解出了一道外星人出的题。"

小眼镜正说得高兴，两只大手忽然从他的后面伸出，掐住了他的脖子，把他从地上拎了起来。

小眼镜一边蹬腿，一边叫喊："怎么回事？勒死我啦！"

小眼镜涨红了脸，使出力气回头想看看是什么人暗算他，只见一个又高又壮、满脸长着大胡子的中年人，正死死盯着他。

小眼镜吃力地问："你……你想干什么？"

大胡子瓮声瓮气地说："你把金字塔里的问题解决了，那我的问题你能解决吗？"

"什么问题？"

大胡子把小眼镜往上提了一下："我问你，为什么金字塔的重量$\times 10^{15}=$地球的重量？"

小眼镜先"哎哟"了一声："你……你别那么使劲。什么是10^{15}？我不知道。"

"连10^{15}都不知道！"大胡子不耐烦地说，"10^{15}就是在 1 的后面画上 15 个零。”

“也就是说 $10^{15} = 1000000000000000$？”

“对！”大胡子忽然又把小眼镜往上提了一下，问，“为什么金字塔塔高 $\times 10 \times 10^{9} \approx 1.5$ 亿千米 = 地球到太阳的距离？”

“哎哟！”小眼镜又大叫一声，“我不知道。唉，你慢点提行不行！”

听到小眼镜说不知道，大胡子来气了，干脆把小眼镜一下子提过了头顶：“我问你，为什么金字塔塔高的平方 = 金字塔侧面三角形的面积？”

“哇，别往上提了，再提我就要去见上帝啦！我说过，我不知道。”

大胡子发怒了，怒气冲冲地说：“你什么都不知道，怎么敢说把金字塔里的问题解决了？”

“嗨！”小眼镜满脸委屈地说，“我们解决的不是金字塔里的问题，是外星人出的数学题。”

阿里巴巴站在一边，实在看不下去了，忙扑了过来，大喊一声：“你这个大男人，怎么好意思对一个小孩子动武？你给我躺下吧！”接着，阿里巴巴来了一个阿拉伯式摔跤，大胡子扑通一声摔倒在地。

“哎哟！”大胡子惨叫一声，“哇，我真听话！他让我躺下我就躺下了。”

小眼镜虽然也摔了一跤，但他迅速爬了起来，扶起了大胡子：“大胡子叔叔，你提的问题，都是很重要的问题，虽然我现在解决不了，但将来我一定能够解决的。”

阿里巴巴拉过小眼镜，说：“这个人精神好像也不大正常，你别给他解释了，快往上爬吧！”

小派也催促说：“小眼镜快走吧！”

没想到大胡子一把拉住小眼镜：“你们别把我丢下，我要和你们一起走！”

“怎么办？”小眼镜没主意了。

阿里巴巴嘀咕:“他神神道道的，可千万不能带他走!”

小眼镜眼珠一转，有了主意：“这样吧，你来说一个

童谣：一只青蛙一张嘴，两只眼睛四条腿，呱呱跳下水；两只青娃两张嘴，四只眼睛八条腿，呱呱跳下水……你一直说到十只青蛙，如果不说错，说明你计算能力不错，我们就带你走。”

“好，好！咱们一言为定！”大胡子手脚并用，开始数，“三只青蛙三张嘴，六只眼睛十二条腿，呱呱跳下水；四只青蛙四张嘴，九只眼睛，唉，怎么九只眼睛？多了一只眼睛？”

小眼镜轻声地说：“趁他数糊涂了，咱们赶紧走吧！”于是，阿里巴巴和小派、小眼镜一溜烟似的跑了。

知识点解析

求一个数是另一个数的几分之几或几倍

求一个数是另一个数的几分之几或几倍，都可以用除法来计算。通常两个数相除，如果商是整数，则两个数的关系就用几倍来表示；如果商是小数，则两个数的关系就用几分之几来表示。

考考你

小派家养了牛 7 头，羊 10 只，猪 20 头，牛的头数是羊的几分之几？猪的头数是羊的多少倍？

探索石棺的秘密

三个人爬完大甬道，前面是一间石室。

阿里巴巴一指石室："看！这就是王殿。"

小派喘了一口气："终于到了，咱们进去吧！"

小派和阿里巴巴走进石室，唯独小眼镜站在门口，全身发抖，迟迟不肯进去。

阿里巴巴冲小眼镜招招手："快进来呀！"

小眼镜摇摇头："我——我不进去。"

小派问："为什么？"

"里面有木乃伊，干尸！"

"你要是战胜了对干尸的恐惧，以后就什么都不会害怕了！"阿里巴巴和小派连说带劝，小眼镜终于走了进来，不过他走起路来十分小心，好像怕踩上地雷。

石室里除了一个无盖的石棺，其他什么也没有。

小派说："我过去看看。"

阿里巴巴说："听说石棺里空空如也，里面什么也没有，是一口空棺材！"

阿里巴巴话音刚落，石棺里忽然传出一个声音：“谁说空空如也呀？谁说是一口空棺材？”

“哇，胡夫法老的干尸说话了！吓死人啦！”小眼镜掉头就跑。

阿里巴巴一把拉住小眼镜：“别害怕！我过去看看。”他噌的一声抽出腰间的弯刀，大声问道：“你是什么人？敢躺在石棺里装神弄鬼，快给我出来！不然的话，别怪我的弯刀不认人！”

突然，一个干瘦的埃及老头从石棺里坐起来。老头连连摆手：“别，别，别动武！我是活的！”

小眼镜一看，吓得跳了起来：“哇，你看这个老头，又干又瘦，一定是胡夫法老的干尸活过来啦！”

阿里巴巴一个箭步蹿了过去，把弯刀架在老头的脖子上，问：“你到底是什么人？快说！”

埃及老头吓得直哆嗦：“我——不是坏人——只不过——我年轻时干过几年——盗墓的行当。”

阿里巴巴收起了弯刀：“是盗墓贼！你这次来，偷着什么啦？”

“这金字塔都被人盗了几千年，现在什么也没有了，我只在石棺里找到这么一张纸条。”老头颤颤巍巍地从石棺里拿出一张纸条。

小派接过纸条一看，兴奋地说："纸条上面画有飞碟的记号，这是外星人出的第四道题！"

"快念念。"

小派念题："小眼镜想从百米跑道的起点走到终点，他前进 10 米，后退 10 米；再前进 20 米，后退 20 米。就这样，小眼镜每次都比前一次多走 10 米，然后又退回来，这样下去，他能否到达终点？"

小眼镜听了题目，来劲了："怎么？外星人出的题目里还有我小眼镜？看来，我小眼镜名扬宇宙啊！可是题目里说我一会儿前进，一会儿又退了回来，我怎么会这么无聊，没事瞎折腾啊？"

"哈哈！外星人都知道你小眼镜爱折腾！"阿里巴巴和小派大笑。

笑了一会儿，阿里巴巴开始琢磨这道题："小眼镜一会儿前进，一会儿又退了回来，他这样走，永远走不到终点哪！"

小眼镜也说："那我岂不是白折腾？"

小派却说："不，小眼镜不是白折腾，他可以走到终点。"

阿里巴巴晃悠着脑袋，问："这怎么可能啊？"

"小眼镜走到第十次就可以到达终点。小眼镜第一次前进 10 米，退回到起点，第二次再前进 20 米，又后退了 20 米。但是他第十次前进了 100 米，就走到终点了，就没必要再退回来了。"

小眼镜竖起大拇指："小派说得对！哈哈，看来我没有白折腾，我第十次终于走到了终点。"

"可是胡夫的墓室里怎么空无一物呢？连干尸都没有。"小眼镜虽然对干尸怕得要命，但好奇心占了上风，他觉得这个地方真是太诡异了。

听到“干尸”二字，小派想起装神弄鬼的老头来，便问他：“既然这座金字塔里什么也没有，那你躺在石棺里干什么？”

小眼镜一瞪眼睛，说：“他肯定是想装干尸吓唬人！”

老头却说：“不，我是想体会一下法国皇帝拿破仑的感受。”

“奇怪，你躺在石棺里和拿破仑有什么关系？”小眼镜弄不明白。

“这是一段真实的历史。”老头慢吞吞地说，“18世纪末，拿破仑带兵占领了埃及，他来到了法老胡夫的这间墓室，不知是什么原因，他决定单独在这间墓室里待上一夜。”

小眼镜惊呼：“哇，拿破仑好大的胆量，敢一个人在这里睡觉！”

老头左右看看：“这里除了石棺，什么也没有。我想，拿破仑当时一定是睡在这口石棺里。”

“后来呢？”

老头说：“既然拿破仑敢在这里睡，我为什么不敢？于是，我也睡在石棺里，想尝尝是什么滋味。”

小派也插话了：“你知道拿破仑在石棺里睡了一夜，

他的感觉如何？”

老头低着头，说：“据说第二天早上，拿破仑浑身发抖，脸色苍白地走出了墓室，至于那一夜墓室里发生了什么，他始终没说。”

小眼镜瞪大了眼睛，啧啧感叹：“又是一个千古之谜！我说老先生，这么恐怖的地方，你也敢躺下睡觉？”

老头笑了笑：“我也是走累了，想躺在石棺里面休息一下。另外，看看金字塔里还有没有尚未被发掘的宝藏，嘿嘿。”

小眼镜听完故事，总觉得这里阴森森的，只想赶紧离开。他拉着小派和阿里巴巴往外走：“这里不好玩，咱们赶紧走吧！”

阿里巴巴提醒说：“一般盗墓贼都不是一个人，咱们还要留神他的同伙！”

走进了岔路

小派问阿里巴巴："看完了王殿，该去哪儿了？"

阿里巴巴用手往上一指："应该到金字塔的塔顶上去看看，站在塔顶，周围风光一览无余。"

听说他们要到塔顶，盗墓的老头连忙跑过来阻拦："金字塔的塔顶去不得呀！"

"为什么？"小派不明白。

老头紧张地说："金字塔高度为146米，共有201层。虽然有些旅游者冒着生命危险爬到顶端，刻下自己的名字，可是已经不知有多少人掉下去摔死了。"

小眼镜不以为然："你不是在吓唬我们吧？"

老头十分认真地说："据书上记载，在1581年，一位好奇的绅士爬上了顶端，因为眩晕从顶端掉了下去，摔得粉身碎骨，连个人形都没有啦！"

小眼镜吓得直吐舌头："我的妈呀！太可怕啦！咱们还上吗？"

小派倒是没有害怕，他坚定地说："一定要上！不到长城非好汉，咱们不上到金字塔的顶端也不是男子汉！”

阿里巴巴向老头打听：“老人家，从这里上金字塔塔顶怎么走？”

老头往外一指：“出了门往右拐。”

“谢谢您！”阿里巴巴、小派和小眼镜谢过了老头，走出墓室。

老人见他们执意要上塔顶，叹了一口气：“唉！不听老人言，吃亏在眼前。”

三个人沿着老头所指的方向走了一大段路，这一段道路又黑又窄，高低不平，阿里巴巴忽然觉得有点儿不对劲。

阿里巴巴停下来说：“咦？不对啊！这条路怎么坑坑洼洼的？好像很少有人走这条路哇！”

小眼镜也觉得有问题：“咱们是不是上了盗墓老头的当？”他四下看看，谨防有什么机关。

突然，小眼镜往墙上一指，说：“看！这墙上有张纸条。”小派摘下纸条看了看：“纸条上面画有飞碟的记号，是外星人出的第五道题！”

阿里巴巴催促：“快念念。”

小派大声念道：“上一次，我们 500 名外星人来到地球做好事。男外星人有一半每人做了 3 件好事，另一半每人做了 5 件好事；女外星人有一半每人做了 2 件好事，另一半每人做了 6 件好事，全体外星人共做了 2000 件好事。对吗？”

小眼镜摸着自己的后脑勺，问：“外星人共做了 2000 件好事？我怎么一件也没看见哪？”

阿里巴巴笑着说：“地球这么大，外星人做点好事，你哪儿看得见哪！”

“这道题我知道应该用乘法做，可是男外星人有多少，女外星人有多少，都不知道啊！”小眼镜两只手一摊，表示无能为力。

“不知道也不要紧。由于男外星人有一半每人做了 3 件好事，另一半每人做了 5 件好事，所以每个男外星人平均做了 4 件好事。”

经过小派的提示，小眼镜有点开窍：“女外星人也一样，女外星人有一半每人做了 2 件好事，另一半每人做了 6 件好事，平均每人做了 4 件好事。这样一来，500 名外星人，不管男女，平均每人都做了 4 件好事，总共做了 $4\times500=2000$（件）好事。”小眼镜顺利把题做完了。

阿里巴巴高兴地说：“看来，做 2000 件好事这个答案是对的了。”

小眼镜兴奋地跳了起来：“哇，我们已经答出外星人给出 5 道题了！”

小派可没有小眼镜这么乐观：“咱们不能总在这里转悠啊，想想怎么才能走出去吧！”

小眼镜眼尖，他指着墙上画着的一个箭头：“看！这儿有一个箭头，我想，顺着箭头所指的方向走，一定可以走出去。”

三人顺着箭头往前走，可是道路越走越窄，最后只能爬着前进。

小眼镜有点儿受不了：“这是什么路啊？让咱们像狗一样往前爬。”

阿里巴巴说：“看来这是一个遗留下来的盗洞！”

小眼镜激动起来：“我说，一个盗墓贼能给咱们指什么路？”他一抬头，“哎哟”大叫一声，原来他的头碰到上面的洞壁，撞出一个大包。

小派一边帮小眼镜揉头上的包，一边说：“这个盗洞很可能就是那个老头以前挖的。”

“非常有可能。咱们赶紧出去吧！”小眼镜说完就带头往外爬，爬着爬着，前面忽然亮了起来。

阿里巴巴高兴地喊道：“好了，咱们快出去了！”

小眼镜挥舞着拳头，叫道：“同志们，加油爬呀！胜利就在眼前啦！”

果然，再往前爬一段就可以爬出金字塔了。

小眼镜一爬出来，就像一只从笼子里放出来的小兔子，又蹦又跳："哈！可算爬出来了！解放喽！"

小派也出来了，唯独阿里巴巴还躲在里面，他探出脑袋说："小眼镜，你仔细看看，周围有没有人，有没有小四十大盗？"

小眼镜手搭凉棚，向周围仔细地看了又看，紧张地叫道："哎呀！阿里巴巴，可不得了啦！金字塔外面人山人海，他们大部分都披着黑色的斗篷，看不出哪些是小四十大盗。"

听了小眼镜的话，阿里巴巴赶紧又往盗洞里缩了缩，不敢出来。他小声说："这么多人，谁敢说这里面没有小四十大盗？我可不敢出去。"

"既然阿里巴巴愿意在盗洞里趴着，我们就让他自己待着吧！小派，走！咱俩继续往金字塔顶上爬。"小眼镜说完就要走。

"等等。"小派叫住了小眼镜，"咱们要走一起走，怎么能让阿里巴巴一个人留在这儿？"

小眼镜嘿嘿一乐："我只是想吓唬吓唬阿里巴巴，咱们哪儿能丢下他不管哪！"

这时，小派计上心来："咱们还用老法子，不过，这次让阿里巴巴和我互换一下衣服。”说完，小派脱下自己的衣服，让阿里巴巴穿上，他则穿上阿里巴巴的阿拉伯长袍。

小眼镜在一旁拍着手：“哈哈，好看，好看！这叫照方抓药！”

知识点解析

平均数

平均数表示一组数据集中趋势的量数，是指在一组数据中所有数据之和再除以数据的个数。它是统计学中最常用的统计量。平均数的用处很大，可以根据它来比较数据，还可以根据它进行预测，这对我们的生活具有一定的指导作用。

考考你

某班在一次数学测试后，成绩统计如下表：

分数	100	90	80	70	60	50
人数	7	14	17	8	2	2

该班这次数学测试的平均成绩是（　　）。

万能的金字塔

小派、小眼镜和阿里巴巴出了金字塔，看到金字塔前有很多人，已经排起了长队。他们有的捂着脸痛苦地呻吟，有的抱着头大声地叫喊，有的背着很大的奶桶，有的抬着成捆的菜苗……

小派十分好奇："这些人是来参观金字塔的吗？参观

金字塔怎么还带着奶桶和菜苗？”

小眼镜也觉得很奇怪：“我去问问。”他一溜小跑，跑到一个捂着脸的人面前。

小眼镜问：“您是牙痛吧？痛得这么厉害，为什么不去医院，还要来参观金字塔呀？”

这位牙痛病人捂着腮帮子，十分痛苦地说：“小朋友，牙痛是应该上医院，可我听当地人说，在金字塔里待一小时，牙就不痛了。我来金字塔是来治牙痛的。”

小眼镜还是头一次听说这个事：“啊？金字塔可以治牙痛？真新鲜！”

为了求证，小眼镜又问另一个捂着头的病人：“您头痛得直叫唤，也是来金字塔治病的吗？”

头痛病人说：“对啊，我听人家说，只要在金字塔里待一小时，我的头就不会痛了。我来金字塔是治头疼的。”

小眼镜还是将信将疑：“哇，金字塔变成医院了，除了能治牙痛，还可以治头痛！真新鲜！”

小眼镜跑到背奶桶的人面前：“您能背得动这么大一桶牛奶，身体一定很棒，肯定没病。您背这么多牛奶，是准备在金字塔里卖吗？”

背牛奶的人摇摇头，说：“金字塔里是不许卖东西的。听人家说，把牛奶在金字塔里放上几天，牛奶会鲜美如初，不容易变质。我是到金字塔里冷藏牛奶的。”

“呀！金字塔是特大号冰箱，可以保鲜？”小眼镜有点糊涂了。

这时，抬菜苗的人主动凑过来对小眼镜说：“听人家说，把菜苗放进金字塔里，它的生长速度是外面的 4 倍，叶绿素也是一般蔬菜的 4 倍。”

“什么？金字塔还是现代蔬菜生产基地？这怎么可能？我晕了！”小眼镜听到这么多奇闻，脑袋有点晕，要不是阿里巴巴扶了他一把，他就要倒在地上了。

阿里巴巴在一旁说：“这都是一些传说，你别信以为真。”

突然，远处传来一阵急促的马蹄声。马蹄声由远及近，小派竖起耳朵，警惕地环顾四周。他对阿里巴巴说：“听，马蹄声！是不是小四十大盗又回来找你啦？”

阿里巴巴立刻慌了神，他一挥手：“快！咱们快往金字塔顶上爬，小四十大盗的马爬不上金字塔！”

说完，三人快速往金字塔上爬。但不知为什么，小眼镜落在了后面。

阿里巴巴催促说：“你快往上爬呀！”

小眼镜用手托托眼镜，无奈地说：“我的晕劲儿还没过去呀！”

三个人才刚爬了十几层台阶，小四十大盗已经来到金字塔下。

一个头目往上一指："看！阿里巴巴正往金字塔上面爬呢！快下马往上追！"

40 名大盗齐刷刷下了马，又唰的一声一起抽出了腰间的弯刀，大喊一声："追！"像一群恶狼猛扑了上来。

小眼镜哪见过这种阵势！他头上的汗下雨似的往下掉，腿也抬不起来了。

小眼镜问："阿里巴巴，金字塔每层有多高啊？"

阿里巴巴说："每一层大约有 1.5 米高。"

小眼镜没爬几层，就已经气喘吁吁了。他一屁股坐在台阶上："哇，我身高才 1.55 米，这一层就有 1.5 米高，我需要跳着往上爬，累死我了！你们俩往上爬吧，我是爬不动了！"

再看小四十大盗。他们爬起金字塔来如履平地，不一会儿就追上来了。

小四十大盗齐声大喊："阿里巴巴，看你往哪里跑？"

阿里巴巴回头一看："哇，他们追上来啦！"

正在这时，一张纸条忽然从半空中飘下来。

小眼镜跳起来，一把抓住纸条，他把手一举："纸条上面画有飞碟的记号，是外星人出的第六道题！"

听到“外星人”三个字，小四十大盗愣在那里不动了。

其中一个强盗像听到了咒语，惊恐地说：“啊，外星人？外星人出的题？”

小眼镜感到纳闷：“奇怪呀，怎么小四十大盗听到外星人就不追了？”

小派想了想：“可能小四十大盗怕外星人。”

“有理！”小眼镜有点儿兴奋，“他们既然怕外星人，肯定也怕外星人出的数学题！”

小派双手一拍：“说得对！咱们快解出外星人出的第六道题，肯定能吓退他们。”

阿里巴巴在一旁催促：“快念题！”

为了让小四十大盗也能听见，小派故意放大嗓门儿念道：“你们三个刚刚爬出的盗洞里藏有3支枪和64颗子弹。把64颗子弹放进3支枪里，要使每支枪里的子弹数都带8，并且每支枪里的子弹数都不一样。如果放得对，就可以用这些子弹消灭任何敌人。”

阿里巴巴愣了，他自言自语：“64，3，8这三个数有什么关系？”

小眼镜很有把握地说：“当然有关系了！”

“有什么关系？”

“小派一看就知道。”

阿里巴巴乐了："嘿，你说得这么有信心，我还以为你知道这三个数的关系呢！"

小派略加思索后说："64 和 8 都是子弹的数目，先从这两个数考虑，比 64 小的，带 8 的数一共有六个：8，18，28，38，48，58。题目要求从这六个带 8 的数中选出三个，使这三个数的和恰好等于 64。"

小眼镜先用左手拍了拍前脑门儿，又用右手拍了一下后脑勺，然后马上答道："这个我会！由于 8 + 18 + 38 = 64，所以，3 支枪里的子弹数分别是 8 颗、18 颗和 38 颗。"

小派一拍小眼镜的肩膀："你这前拍后拍还真管用，就是这三个数。"

小眼镜冲阿里巴巴做了一个鬼脸："嘿，我一拍就知道！"

听了题目的答案，小四十大盗头目倒吸了一口凉气："哇，我们才 40 个人，他们却有 64 颗子弹，送咱们一人一颗子弹，还多出 24 颗呀！"

一个胖胖的大盗说："咱们当中肯定有人至少中两颗子弹喽！我胖，我准得吃两颗枪子！"

小四十大盗的头头一挥手，高喊道："弟兄们，他们手中有枪，快撤！"

伴随着一阵杂乱的马蹄声，小四十大盗逃走了。

小眼镜高兴得跳了起来："好啊！小四十大盗被吓跑了！"

阿里巴巴抹了一把头上的汗："我的妈呀，又过了一关！"

小眼镜不干了："阿里巴巴，你说带我们找到 10 道外星人出的数学题，还说只要我们把题目解出来，外星人就带我们去火星玩。可是咱们在金字塔里转了一大圈，除了看见一个盗墓的干瘪老头，什么宝贝也没看见。只找到了六道数学题，还差点让小四十大盗给杀了！我不跟你玩了！"

阿里巴巴笑嘻嘻地说："小眼镜，胡夫金字塔因为来的人多了，好东西都被盗墓贼偷光了。我带你们俩去一座还没被发掘过的国王坟墓，听说那里面净是好宝贝！"

小眼镜一听，来精神了："那还等什么，咱们快走吧！"

"慢着！"小派问，"阿里巴巴，咱们在胡夫大金字塔只找到外星人留下的六道数学题，现在要换到别的国王的坟墓，剩下的四道数学题还能找到吗？"

阿里巴巴飞身上了毛驴，右手一拍胸脯："没问题，包在我身上了，肯定能找到，你们俩快跟我走吧！驾！"他左手在驴屁股上使劲一拍，毛驴受了惊吓，撒腿就跑。

小眼镜也赶紧拉过单峰骆驼招呼小派："快上骆驼！"

恐怖的诅咒

阿里巴巴骑着毛驴，小派和小眼镜共骑一头骆驼，沿着尼罗河往前走。尼罗河是埃及的母亲河，每年泛滥一次，洪水消退后留下肥沃的土壤。人们在土壤上面种植农作物，在干旱的沙漠地区形成了一条“绿色走廊”。

途中，他们路过一处非常热闹的集市，人来人往，有人卖吃的，有人卖穿的，有卖工艺品的，卖土特产的，最吸引小派和小眼镜的是卖古董的。小眼镜好奇地看着这一切，突然，摆放在一个埃及老人面前的一堆古旧树叶，引起了小眼镜的注意。他溜下骆驼，跑了过去。

小眼镜翻动这些古旧树叶，忽然大喊一声：“快来看，这里有飞碟记号！”

“有这等事？”阿里巴巴和小派一听，赶紧跑过来。

“这应该是外星人留下的第七道数学题。”小派跑过来一看，却傻眼了。树叶上画了许多他们不认识的奇怪符号。

小眼镜问埃及老人：“老爷爷，您认识树叶上的这些符号吗？”

“当然认识。”埃及老人说，“这可不是树叶，这是埃及著名的‘纸草书’。‘纸草’是尼罗河三角洲出产的一种水生植物，形状像芦苇，把它晒干刨开，摊开压平后可以在上面写字。4000 年前的古埃及人就把它当纸用。”

“您快说说这上面的符号。”小眼镜非常着急。

“这是古埃及的象形文字。最左边的三个符号表示的是未知数、乘法和括号；第四个符号是三根竖线，表示 3；

第五个符号‘小鸭子’表示加号；第六个符号上半部分‘∩’表示 10，再加上下面的两根竖线，表示 12；第七、八、九个符号连在一起表示括号和等号；最右边的符号表示 30。”

根据老人的翻译，小派列出了一个方程：

$$x\cdot(3+12)=30$$

“这个方程我会解。”小眼镜自告奋勇解起题来：

$$15x=30，x=2$$

“未知数 x 等于 2。”小眼镜解完后，不以为然地说，“这外星人数学水平也不高啊，怎么出的题这么简单！”

突然，小派往人堆里一指，急切地说：“我看到了一个人，特别像小四十大盗的成员。”

“啊！”阿里巴巴大吃一惊，他飞身上了毛驴，在驴屁股上猛拍了两巴掌，“你们俩还不快走！我可先走了，驾！”毛驴一个激灵，飞快地往前奔，小派、小眼镜也上了骆驼，急忙追了上去。

阿里巴巴边跑边往后看，跑出去好远，才让毛驴放慢了脚步。这时，小派和小眼镜才有时间欣赏沿途的景色。一路上他们看到了许多大大小小的古墓。

小眼镜奇怪地问："阿里巴巴，这里怎么有这么多的古墓？"

"咱们进入了有名的帝王谷。这里分布有64座帝王墓，咱们要找的图坦卡蒙墓就在这里面。"说也奇怪，阿里巴巴进入帝王谷后，并没有仔细寻找图坦卡蒙墓，而是领着小派、小眼镜这里转转，那里转转，把他们俩都转晕了。

小眼镜有点儿生气："我说阿里巴巴，你没有毛病吧？你怎么带着我们俩转个没完？"

阿里巴巴停下来，环顾四周，压低声音说："是这样，表面上看小四十大盗好像被我们甩掉了，可能实际上他们没有被我们落下，正在后面偷偷地跟着咱们哪！我是要通过转圈甩掉他们。"

来到一座很大的古墓前，阿里巴巴飞快地下了毛驴，招呼小派、小眼镜赶紧下骆驼。他把毛驴和骆驼拴在石桩上，左手拉起小眼镜，右手拉着小派，说了声："快走！"猫着腰撒腿就跑。

一阵狂奔之后，三人在一座沙丘前停下。小派抹了一把头上的汗，问："阿里巴巴，小四十大盗为什么总跟着你？"

"唉！"阿里巴巴先叹了一口气，"小四十大盗跟着我，一方面是找我报仇，更主要的是想跟踪我，通过我找到图坦卡蒙墓。因为他们知道图坦卡蒙墓中有许多价值连城的宝贝。”

小眼镜着急地说：“嘿，那可不成！这些宝贝可不能让他们拿到！”

阿里巴巴郑重地点点头，然后弯下腰从沙子里找出三把铁锨，对小派、小眼镜说：“这是我藏在这里的铁锨，咱们挖沙丘吧！”三个人挥舞着铁锨，挖了一个多小时，终于挖到一扇门。他们推开门一看，里面漆黑一片。小派打亮手电筒，首先看到的是一块石板。石板上刻有古埃及的象形文字，阿里巴巴认识这些文字，他念道：“无论是谁，只要打扰了图坦卡蒙国王的宁静，死神必将与之相伴。”

小眼镜听完大叫：“哇，可怕的诅咒！我可不想和死神做伴。”

小派用手电筒照了照，看到前面不远处有扇关着的门，门上也写着古埃及的象形文字，旁边还有一个摇把。

阿里巴巴念道：“把摇把摇⊙下，门可打开。”

“这⊙下是多少下呢？”小派紧皱眉头，“这周围该有什么提示吧？”想到这儿，小派拿手电筒在四周仔细查找，想找到一些线索。他偶然一回头，忽然大喊：“看，飞碟符号！”

原来飞碟符号画在写着诅咒话语的石板后面，符号下面写着："有四个数，其中每三个数相加得到的和分别是31，30，29，27。⊙是这四个数中最大的一个。"

小眼镜高兴地说："这是外星人留下的第八道数学题。"

小派想了想，说："把题目给出的四个和数相加，$31+30+29+27=117$。"

小眼镜问："这个117代表什么呢？"

"题目中没有给出四个数具体是多少，只告诉我们这四个数中的每三个数都要相加一次。小眼镜，你说说，每一个数都被加了几次？"

"我想想啊！"小眼镜说，"比如说，这四个数是a、b、c、d。我把其中每三个数都相加一次，共有四种不同的结果，即：$a+b+c$，$a+b+d$，$a+c+d$，$b+c+d$。也就是说，每一个数都被加了3次。"

"对！每一个数都被加了3次。117是每个数相加3次所得的结果。117再除以3，就是四个数之和$117\div3=39$。"

"往下怎么做？"

"39是四个数之和，用39减去三个数之和中的最小数27，所得的一定是这四个数中最大者，因此，最大的数是$39-27=12$。"

小派刚算完，小眼镜就快步跑到门前，双手握住摇把用力摇了起来："1、2、3……"

知识点解析

解简易方程

含有未知数的等式叫方程。方程的解是一个满足方程左右两边相等的未知数的值，而解方程是求这个值的过程。解方程的依据——等式的性质：方程两边同时加上或减去一个数，左右两边仍然相等；方程两边同时乘或除以一个（不为0）的数，左右两边仍然相等。

列方程解应用题的步骤：

1. 读题，弄清题目中的数量关系；
2. 写出等量关系式（能用线段图最好）；
3. 找出等量关系式中的未知数，设为 x；
4. 根据等量关系式列出方程；
5. 解方程；
6. 检验。

解方程：

$5.5x + 6.7 = 7.8$

狼！狐狸

小眼镜使尽吃奶的力气，摇了 12 下摇把，只听轰隆一声响，图坦卡蒙墓的大门打开了。

墓里面漆黑一片。“我看看墓里有什么宝贝！”小眼镜按捺不住心中的好奇，夺过小派手中的手电筒，一个箭步就蹿了进去。小眼镜往左边一照，“哇”地尖叫了一声，接着往右边一照，又“哇”地尖叫了一声。

小眼镜的两声尖叫，把阿里巴巴和小派吓了一大跳，他们俩赶紧跑了进去，这时小眼镜已经被吓得动不了啦。小派向左一看，看到那里站着一个人；向右一看，一个一模一样的人也站在那儿，两个人面对面站着。

小派也有点儿害怕，捅了一下阿里巴巴：“这墓里有人！”

“不可能！”阿里巴巴摇摇头，“这是守墓的，是假人。”

小派用手电筒照着仔细观察这个假人，发现假人是用木头做的，“皮肤”是黑色的，身穿金裙，脚穿金鞋，手握权杖，头上盘着一条可怕的眼镜蛇。

小派摸了一下权杖，突然，盘在假人头上的眼镜蛇一张嘴，一张纸条飘飘悠悠地从蛇嘴中落了下来。小派一眼就看到了纸条上画的飞碟记号。

“看！飞碟记号！”小派这么一喊，把小眼镜惊醒了。小眼镜兴奋地说：“咱们找到外星人留下的第九道题了！小派，快念题。”

小派大声读："我准备了9个袋子，里面分别装有9、12、14、16、18、21、24、25、28颗珍珠。我想送给阿里巴巴若干袋，送给小派若干袋，最后剩下一袋送给小眼镜，已知阿里巴巴取走的珍珠数是小派得到的珍珠数的两倍。小眼镜，你得到的一袋里有多少颗珍珠？"

小眼镜刚才被吓得不轻，这会儿听到自己的名字，觉得更诧异了，便自言自语："我的妈呀！死了3000年的图坦卡蒙国王，还知道我小眼镜，还送给我珍珠？可是我不会算哪！小派快帮帮忙。"

小派想了一下，说："既然阿里巴巴取走的珍珠数是我的珍珠数的两倍，说明送给阿里巴巴和我的珍珠数之和能被3整除。"

小眼镜点点头："是这么个理儿。"

"这9袋珍珠数之和为9+12+14+16+18+21+24+25+28=167，167除以3余数是2，余2说明什么？说明只有小眼镜那一袋的珍珠数除以3余2，这9袋中也只有装有14颗珍珠的那袋符合要求，因为14除以3余2。"

阿里巴巴一伸大拇指："真棒！小派分析得头头是道！"

小眼镜点点头："这么说，图坦卡蒙国王送给了我14颗珍珠，可是这些珍珠在哪儿？"

阿里巴巴向里面一指："肯定在他的棺材里。"

“啊！”听到“棺材”两个字，小眼镜的脸又吓得煞白。

等小眼镜缓过劲儿，三个人在黑暗中又摸索着往前走。突然，小眼镜摸到一个毛茸茸的东西。“哇！”小眼镜被吓得一蹦三尺高，心脏都要跳出来了。

阿里巴巴忙问：“又怎么啦？”

小派用手电筒一照，先看到了一张桌子，再往上照，看到桌子上蹲着一只像狼一样的动物。

“狼！狐狸！”小眼镜吓得不知说什么好了。

阿里巴巴搂住小眼镜，安慰说：“不要怕！你看它的耳朵又尖又长，它是古埃及神话中的胡狼神阿努比斯。那张桌子是祭坛，阿努比斯蹲在祭坛上是为了守卫图坦卡蒙国王陵室的入口。”

小派想搬开祭坛进入陵室。可是任凭他使出吃奶的劲儿，也没挪动祭坛一下。小派泄气般地看看祭坛，忽然发现祭坛侧面写了许多字。

阿里巴巴念道：“如能把下图中‘★’处的数填出来，你就能顺利进入陵室。”

1		6	2		5	4		8
	142			188			★	
3		5	4		7	6		1

小眼镜琢磨了一下，没理出什么头绪，转而问小派：“这题应该怎么做？”

小派想了想，说：“这里有三组数，要找出每组五个数之间的关系和规律。”

“对！”小眼镜说，“每组数中，中间的数是个三位数，而四个角上的数都是一位数。光用加减法不成，还必须用乘除法。”

小派在纸上演算了一会儿，高兴地说：“规律找到了！”接着写出：

$$(1\times1+6\times6+3\times3+5\times5)\times2=142$$

$$(2\times2+5\times5+4\times4+7\times7)\times2=188$$

小眼镜点点头：“中间的数，等于四个角上的数自乘后相加再乘以 2。我来算算★等于多少。”

$$\bigstar=(4\times4+8\times8+6\times6+1\times1)\times2=234$$

“我把它填上。”小眼镜刚想填，忽然想起什么似的，停住了，“哎，这道题是不是外星人出的第十道题？”

“对，我来找一找，看有没有飞碟的记号。”小派开始在祭坛的四周仔细寻找。

无意中，小派看见阿里巴巴用手摸了一下祭坛的侧面，然后他转身对小派说：“看，这儿有一个飞碟记号。”

小派和小眼镜过去一看，果然有一个飞碟记号。

“没错！这是外星人留下的最后一道题。”小眼镜把234填到★处，只听轰隆一声，祭坛自动转到了一边。

飞向火星

祭坛移开后，三人相继进入图坦卡蒙国王的陵室。他们首先看到了一口石棺，石棺的下面是一尊女神像，女神张开双臂和双翅托住棺材，像防止有人来侵犯的样子。

看到此状，三个人心中都肃穆起来。阿里巴巴双手合十，嘴里默念几句，然后敬畏地打开了石棺。三人屏住呼吸，只见眼前金光一闪，定睛往里一看，哇，原来是一口纯金制造的棺材（后来他们称了一下这口金棺，竟有 111 千克）。金棺里是图坦卡蒙国王的金像，头和双手被雕铸成立体的，身体部分则是浅浮雕，整个做工非常精细，堪称完美。国王双手交叉，分别拿着象征王权的权杖和神鞭。

小派和小眼镜被眼前的景象惊呆了，不知用什么词来形容才好，只知道一个劲儿地说："太漂亮了！太漂亮了！"

他们在陵室里转了一圈，看见了许多用黄金和象牙做成的床、椅子、武器、车辆、船的模型，陵室里有大批的珍贵文物和稀世珍宝，仅棺材里的各类宝石就有143块。

正当他们津津有味地观赏这些无价之宝时，陵室外面忽然有喊声传进来："阿里巴巴快出来，快把里面的宝贝交出来！""不交出来，我们就冲进去，把你们全杀了！"

空气立刻变得紧张起来。小眼镜愤恨地说："可恶的小四十大盗把我们包围了！阿里巴巴，怎么办？"

小派从架子上拿下一杆长矛："咱们冲出去，和他们拼了！"

阿里巴巴微笑着摇摇头："他们进不来。小四十大盗非常迷信，当他们看见石板上的咒语，会立刻被吓跑的。"

小眼镜皱着眉问："如果小四十大盗总围着不走怎么办？我们会饿死的！"

小派忽然想起一个问题："我们已经解出了外星人留下的10道数学题，外星人怎么还不带我们去火星上玩哪？"

小眼镜一听，也急了："就是啊，外星人在哪儿？"

"跟我来！"阿里巴巴嘴角闪过一丝笑意，走到一面墙前，用手轻轻推了一下。说也奇怪，墙上立刻出现了一扇门。阿里巴巴闪身走了进去，小派、小眼镜也跟了进去。

里面光线十分昏暗，小派、小眼镜跟着阿里巴巴七拐八拐来到一个地方。阿里巴巴推开一扇门，进入另一个空间。

小派和小眼镜走进去，立刻被眼前的景象惊呆了。不知什么时候，阿里巴巴脱掉了老羊皮袄，换上了一身宇航服。前面不远的地方耸立着一架高大的火箭，火箭上面有一艘宇宙飞船。

小眼镜吃惊地问：“阿里巴巴，你怎么变成宇航员了？”

阿里巴巴笑着说："我本来就不是阿里巴巴，我是你们要找的外星人。"

"噢——"小眼镜有点儿明白了，"我们找到的10道题都是你出的，怪不得题目里有我和小派呢！"

小派也回想起来："祭坛上的题目原本没有飞碟的记号，你用手摸了一下，立刻就出现了飞碟的记号，我当时就觉得奇怪。"

"走吧！10道题都做出来了，我要履行诺言，带你们到火星上去玩一趟，快上宇宙飞船。"外星人带他们俩登上了宇宙飞船。

火箭启动了，在巨大的轰鸣声中，火箭带着宇宙飞船，奔向了太空。

小派和小眼镜同时向地面招手："再见了，地球！我们还会回来的！"

古堡里的战斗

武士把门

小眼镜十分喜欢旅游，这不，暑假到了，他又缠着爸爸带他出去玩。爸爸被他磨得实在没办法，想起一位朋友在考古队工作，正要率队去一座神秘的古堡考察，便把小眼镜托付给了这位考古队长——赵叔叔。有这样的好事，小眼镜当然不会忘了好朋友小派，而且小派聪明勇敢，带上他出去探险，准没错儿！

古堡位于大沙漠之中。小眼镜和小派合骑一头骆驼，随着考古队向古堡进发。

快到古堡了，小眼镜和小派边走边玩，渐渐有些掉队了。这时，路上不知从哪儿冒出一个留着山羊胡子的老头儿，他长得高高瘦瘦的，头上缠着白布，右手拄着一根拐棍。

老头儿对小派和小眼镜说："你们两个小孩也想去考察古堡？告诉你们，古堡里可危险了，机关、鬼怪什么都有，进去的人没有一个能活着出来！"说完就一瘸一拐地走了。

小眼镜不以为然，笑着对小派说："那个老头是在吓唬咱俩，没什么可怕的，咱俩先去探探路。"小眼镜背上考古用的大口袋，拉着小派向前走去。

一不会儿，前面出现了一座山，山前站着一个铜铸的武士，武士右手拿着一杆铜矛，左手拿着一个大铜盾牌，腰间挂着一个装满铜箭的箭壶。

小眼镜说："这个盾牌上有 9 个小方格，每个小方格里有 9 个小洞，共有 81 个小洞。"

小派也数了数，说："箭壶里有 45 支箭。"

小眼镜拿起一支箭往小洞里一插，正好插进去了。他挠挠头，说：“81 个小洞，只有 45 支箭，这可怎么插？”他转到盾牌后面，发现上面画着三条相交于一点的线，旁边还有一些符号。

小眼镜忙问小派：“你看，这是什么意思？”

小派看了看，说：“我在书上看到过，这是古埃及的象形文字，符号∩代表 10，$\substack{|||\\||}$表示 5，合在一起表示 15。”

小派忽然眼睛一亮，说：“我明白了，它让咱们这样

插：不管是横着数、竖着数，还是斜着数，都是15支箭。”

“这是三阶幻方啊！我会了。”小眼镜很快把45支箭都插了上去。

4	9	2
3	5	7
8	1	6

刚刚插好，只听哧溜一声，铜铸武士转了90°，背后露出一个洞口。小眼镜拉着小派钻进了洞里。

他们不知道的是，一个老头儿带领着一胖一瘦两个人，正悄无声息地尾随着他们俩，也钻进了洞里。

知识点解析

三阶幻方

在这个故事中，小派讲的是三阶幻方。三阶幻方中，“每行、每列、每条对角线上的和相等”这个条件是建立等量关系的核心。

三阶幻方的结构特征：

三阶幻方的幻方和 = 3×中心数；

在三阶幻方的幻方中 $a=(h+f)\div 2$。

a	b	c
d	e	f
g	h	i

在图中的三阶幻方中，设幻方和为 S，根据构成幻方的条件可以得到下列等式：

$a+e+i=S$　　$b+e+h=S$　　$c+e+g=S$　　$d+e+f=S$

中心数 e 算了 4 次，而其他则计算 1 次，所以幻方和= 3 × 中心数。

考考你

在下面的 a、b、c、d 处填上适当的数，使下图成为一个三阶幻方。

a	13	d
b	9	11
12	c	10

古棺之谜

小眼镜和小派钻进洞里一看，洞里黑漆漆的，正中间摆着一口大棺材。

小眼镜有点儿害怕，声音发颤地说：“快看，这里有一块墓碑，下面还有一个转盘。”

小派拧亮手电筒往墓碑上一照，只见上面写着：

这里安息着国王古里图。他一生的六分之一是幸福的童年，十二分之一是无忧无虑的少年，再过去生命的七分之一，他戴上了国王皇冠，五年后新王子出生，后来王子染病，先他四年而终，只活到父亲的一半年龄。晚年丧子的国王真不幸，他在悲痛中度过了余生。

请你算一算，古里图国王活了多少岁？假如你想见到死去的古里图国王，请转动转盘，使箭头指向他活到的岁数。

小派说：“解出这个题就能见到死去的国王？这可真

有意思。”

“你疯啦！”小眼镜瞪大眼睛说，“你不怕吗？”

“想考古，就不能害怕死人。我来算算古里图国王活了多少岁。”小派认真地在小本子上算着：设国王活了x岁，童年为$\frac{1}{6}x$，少年为$\frac{1}{12}x$，可列出方程：

$$\frac{x}{6}+\frac{x}{12}+\frac{x}{7}+5+\frac{x}{2}+4=x$$

$$\frac{9}{84}x=9$$

$$x=84$$

“古里图国王还算长寿呢，活了84岁。我来转动转盘。”小派把转盘上的指针对准了84。

只听轰的一声，棺材盖自动打开了。

“我的天哪！棺材打开啦，国王要出来了。”小眼镜吓得掉头就跑。

“嘻嘻！”小眼镜听到笑声，回头一看，见小派正站在棺材里冲他笑呢。

小眼镜着急地喊：“快出来，危险！”

小派笑嘻嘻地说：“什么危险？里面是空的，只有一张古里图国王的画像。你快进来吧！”

小眼镜壮着胆子爬进了棺材，两人在棺材里面嘻嘻哈哈地又说又笑，过了一会儿，却一点儿声音也没有了。

这时，躲在暗处的老头、胖子、瘦子三个人觉得奇怪。老头示意瘦子过去看看："看那两个小孩在棺材里玩什么鬼把戏！"

"是！"瘦子掏出手枪，轻手轻脚地靠近棺材，探头往里一看，惊呼道："啊，两个小孩不见啦！"

过铡刀关

老头儿眼睛一瞪，说：“不可能！我明明看见那两个小孩钻进棺材里，怎么会一转眼就没了呢？”他走近棺材，用手敲了敲棺材底，听见嘭嘭的声音，便马上命令瘦子：“棺材底是空的，把它打开！”

瘦子一拉棺材底，底是活动的。瘦子忙说：“头儿，下面是地道！”

老头儿爬进棺材，说：“快下地道，追上那两个小孩！”

再来说说小眼镜和小派。他们俩顺着地道走着走着，被一件散发着寒光的东西挡住了去路。

“这是什么东西？”小眼镜走近一看，“啊，是一把悬空的大铡刀！”要继续往前走，就得从铡刀下面爬过去，这可太危险了！必须把铡刀放下来。

小派眼尖，他指着铡刀说：“你看，铡刀上面有字。”

只见刀上画有10个小格子，右边墙上还有一个摇柄。摇柄下面写着几行字：

10个格子表示一个十位数，它的每3个相

邻数字之和都等于15。算出△是几，把摇柄按顺时针方向摇这么多圈，铡刀就会自动落下。

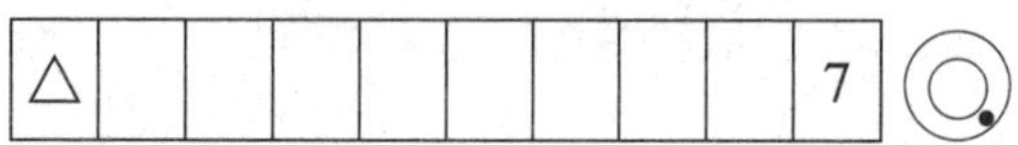

小眼镜没理出头绪："7和△中间隔着8个空格，怎么能知道△是多少？"

小派说："不用急，它不是已经告诉我们，每3个相邻数字之和都等于15吗？"小眼镜问："这有什么用？"

"怎么没用？最右边的3个数字之和等于15。从右数第2、3、4位数字之和也等于15，由于第2、3两位数字没变，所以第4位数字一定是7。同样道理，第7位、第10位也一定是7。"小派在空格里填了3个7。

△ 7			7			7			7

小眼镜高兴地一拍手，说："好了，△等于7。"小眼镜把摇柄按顺时针摇7下，铡刀自动放了下来。

小眼镜依稀听到有脚步声传来，忙说："有人跟踪咱们，快躲起来！"两人找到一个黑暗的角落藏了起来，只见一个老头儿带着一胖一瘦两人从他们俩身边匆匆走过。

小眼镜说："这个老头儿挺面熟！"

小金字塔

小派回忆了一下，说："我想起来了！他不就是咱们刚到古堡时遇到的那个老头儿吗？"

"就是他。他还吓唬咱俩哪！"小眼镜眼珠一转，说，"他为什么要跟着咱们呢？咱们要留点儿神！"

两个人继续往前走，越走前面越亮，原来前面是一个洞口，他们已经从山洞里出来了。

小眼镜双手一摊，说："古堡走完了，咱们也没有探得什么秘密嘛。"

"还没有走完呢。"小派往前一指，说，"看，前面有座小金字塔，秘密一定藏在那里面。"

两人跑过去，围着塔转了一圈。

小眼镜失望地说："连个门都没有，怎么进得去？"

小派想了想，说："据说古里图国王是一位数学家，这小金字塔的门也一定与数学有关。咱俩先量量这个金字塔的底座吧。"

两人用随身携带的皮尺测量底座，量出底座的每边都是 31.4 米，是个标准的正方形。

小派若有所思地说：“31.4 是 3.14 的 10 倍，这 3.14 可是圆周率呀！”

小眼镜问：“秘密会不会藏在圆里？”

小派趴在地上算了一阵子，说：“嗯，你想得很对！如果以 5 米为半径画个大圆，这个大圆的周长就是 $2\pi r=2\times3.14\times5=31.4$（米），刚好等于底座边长。”

小派在金字塔底座其中一条边的中点摁住皮尺一头，让小眼镜拿着皮尺往金字塔上爬，量出 5 米。

小眼镜说：“这就是那个大圆的圆心。”他用力推了推圆心处（图①）的石头，可是那石头纹丝不动。

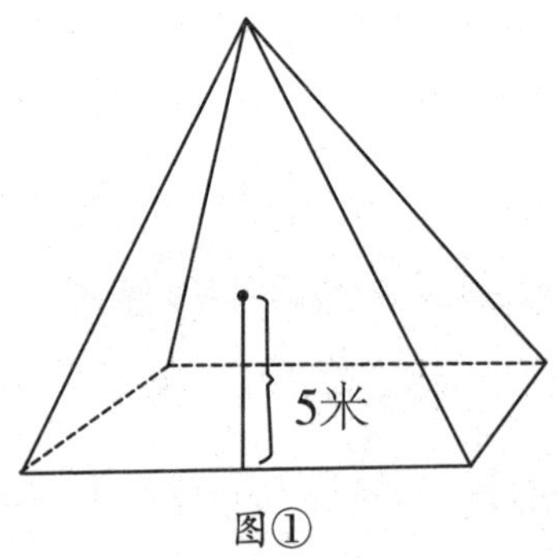

图①

他们又换到另一条底边，向上量到 5 米处，小眼镜用力一推圆心处的石头，只听轰隆一声巨响，小金字塔上立刻出现了一扇大圆门。

小眼镜高兴地说：“太好啦！我们找到入口了。”

小派说：“这就是那个半径等于 5 米的圆。”

两个人飞快地从圆门进了小金字塔。刚一进门，他们就被吓了一跳，只见两个全副武装的士兵站在门口。

小眼镜紧张地叫道：“有卫兵！”

小派冷静地观察了一下，说：“不要害怕，是假人。”

正在这时，后面传来老头儿的声音：“两个小孩已经进小金字塔了，快跟上！”

小眼镜发现了他们，眼珠一转，计上心来：“我来整整他们！”他附在小派耳边嘀咕了几句，两人会意地笑了。

知识点解析

⑪棱锥

故事中提到的小金字塔就一个四棱锥。当棱柱的一个底面收缩为一个点时，得到的空间几何体叫作棱锥。

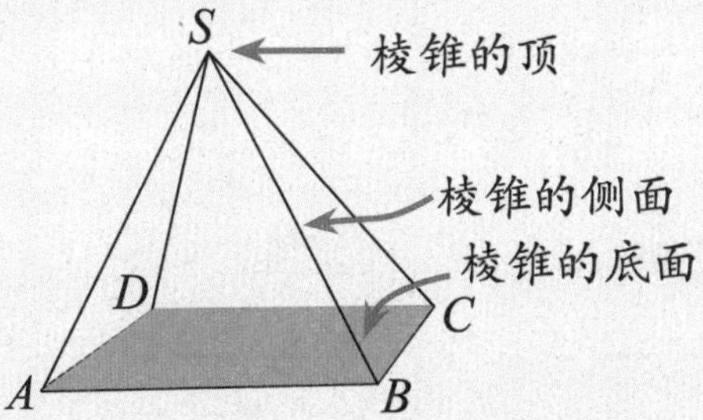

棱锥的特点：① 底面是多边形；②侧面是有一个公共顶点的三角形。

正棱台：正棱锥被平行于底面的平面所截，截面和底面之间的部分叫作正棱台。

考考你

四棱锥的底面和侧面共有（　　）个面，四棱锥有（　　）条侧棱。

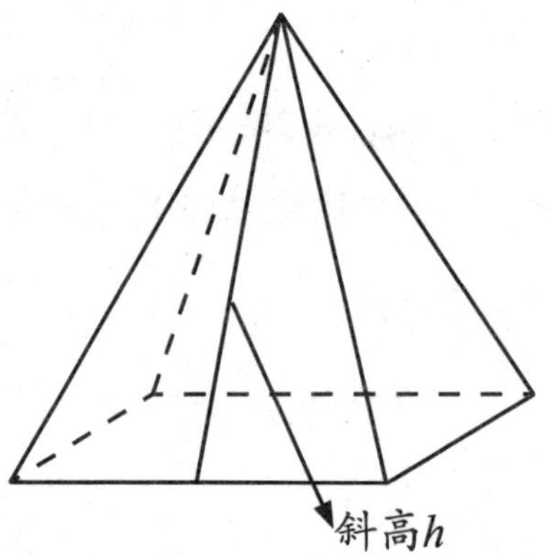

连滚带爬

小眼镜把一条绳子的两头分别系在两名士兵的腿上。系好后，小眼镜拉着小派说：“咱俩先藏起来，等着看好戏吧！”

老头儿第一个跑了进来，由于眼神不好，他的脚被绳子绊住，咕咚一声，摔了个狗啃泥。老头儿这一碰可不得了，两名士兵同时向路中间倒去，一个压在胖子身上，另一个压在瘦子身上。

胖子不知道发生了什么事，吓得大喊：“卫兵用矛扎我，救命啊！”

老头生气地说：“这是两个假人，假人怎么会扎你？快起来探探路去！”

小眼镜和小派躲在暗处，捂着嘴不让自己笑出声来。

胖子忙爬了起来走进门内。他在里面大喊：“头儿，这里面特别黑，什么也看不见。哎哟，还要下台阶呢！”

胖子一边数着数，一边下台阶：“1、2，哎哟！摔死我啦！头儿，这些台阶不一样高。”

老头在外面指示："胖子，你找一找这台阶的高矮有什么规律。"

"我再试试。"胖子又往下走，"1、2、3，哎哟！又摔一跤！1、2、3、4、5，哎哟！摔死我啦！这是什么鬼路？"

小眼镜和小派听见胖子边走边摔跤，差点儿笑出声来。小派说："有人帮咱们探路，咱俩正好可以找找台阶的规律。"

小眼镜脱口而出："胖子走的台阶是2低1高，3低1高，5低1高，8低1高。"

“嗯，规律是每后一个低台阶的级数等于前面两个相邻低台阶级数之和。我把低台阶级数写出来。”小派写出：2、3、5、8、13、21……

小派说：“咱俩就按这个规律下台阶，保证摔不着！”两人手拉手，口中数着数，按着规律很顺利地就下到了底层。

“哎，那三个坏蛋呢？”小眼镜警惕地向四周察看。

突然，他们俩听到一阵“啾、啾”的声音，小眼镜浑身一哆嗦，说：“这好像是鬼叫！”

小派笑笑说：“哪儿来的鬼呀！不要自己吓唬自己。”可他一转身，果真看见一个“怪物”一蹦一跳地正向他们走来。

“啊！”小派也吃了一惊，但他很快又镇定下来了，因为他相信世界上不存在什么鬼神。

小派大声问：“你是什么人？”

“怪物”回答：“我是古堡的主人——古里图国王。”

小派毫不客气地说：“你是古里图国王？好，我来考考你。”

知识点解析

找规律填数

按照一定的规律排列起来的一列数，叫作数列。数列中的每一个数都叫这个数列的项。发现数列排列规律，依据规律填写所缺的数，就是找规律填数。有联系的一串数按一定规律排成一个形状，叫数表。数表的排列规律比较隐蔽，可根据前后两个数之间的联系，也可根据奇数或偶数之间的关系，或将数列有联系的一串数分组后找规律。

0，1，2，6，16，（　　），120，（　　），896

真假国王

小派问那“怪物”：“有个胖小偷从古堡盗走$\frac{1}{3}$的宝物，另一个瘦小偷从剩余的宝物中盗走$\frac{1}{17}$，只给他们另一个同伙留下150件宝物。问古堡中原有多少宝物？”

“古堡中原有多少宝物，我给忘了。不过，我可以算出来。”那“怪物”边说边算，“设古堡中原有宝物为1，胖子取走$\frac{1}{3}$，瘦子取走$(1-\frac{1}{3})\times\frac{1}{17}=\frac{2}{51}$，古堡中剩下的宝物有$1-\frac{1}{3}-\frac{2}{51}=\frac{32}{51}$。古堡中原有宝物$150\div\frac{32}{51}=150\times\frac{51}{32}=239\frac{1}{16}$（件）。”

“怪物”看着最后的答案直发愣。他自言自语：“这么多宝物，胖子和瘦子只给我留下了150件，不成！这$\frac{1}{16}$又是什么意思呢？”

“$\frac{1}{16}$是一只宝瓶摔碎了，只给你留下了一小块碎片。”小派识破这国王是老头儿假扮的，朝小眼镜一挥手，说，“上！”

小眼镜和小派一齐扑向“怪物”，把他按在地上，揭下了他的面罩。坏老头儿见事已败露，挣扎着站起来，撒腿就跑。

“哈哈！”两人看到坏老头儿狼狈逃走的样子，觉得十分好笑。

两人手拉手往前走。这时，小派忽然停了下来，小眼镜正诧异间，小派用手电筒一照，好险！地上有一个大圆洞。小眼镜倒吸了一口凉气：“这个陷阱直径足足有 4 米，这可怎么过去呀？能跳过去吗？”

小派摇头说：“不能。不能冒这个险！你看，这儿有 4 块木板，它们都一样长。”

小眼镜拿起一块木板一试，距另一边还差 1 米，够不着另一边。他着急地说：“哎呀！不能用。”

小派微笑着说：“我有个好主意！”

知识点解析

还原问题

在数学中，还原问题有很多。比如计算一个数加3，可以很快算出最后结果；但如果知道最后结果等于8，反过来要求原数呢？我们可以运用逆运算的方法。像这样由结果还原出开始的数量问题叫还原问题。这种还原法又称逆推法，是一种常见的思维方法，它是从问题的结果出发，一步一步倒着分析推理，逐步还原，以解决问题。

用逆推法解决问题的基本方法：1. 从最后结果出发，采用与原题中相反的逆运算方法，原题加的用减，减的用加，乘的用除，除的用乘。2. 根据原题的叙述顺序，从正面列出数量关系，再用逆运算方法得到原数。

考考你

张村、李村、赵村共有90斤大米，李村向张村借30斤大米后，又送给赵村5斤，结果三村拥有的大米数量是相等的，原来张村、李村、赵村各有多少斤大米？

巧过陷阱

小派拿起木板，说："咱们给它这样摆一下，就能过去了。"说着就用四块木板搭成一个"山"字形。"好啦，咱俩过去吧！"小眼镜拉着小派的手，小心翼翼地踩着木板过了陷阱。

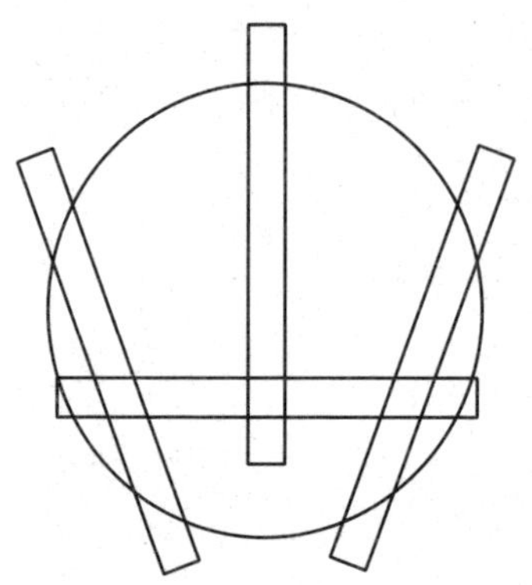

小派擦了一把头上的汗，说："咱们赶快走吧！"

"不成！我要把这块木板抽出来，让那三个坏蛋过不来。"小眼镜把最靠近自己的那块木板抽了出来。

这时，坏老头儿三人也追过来了，胖子最先发现了这个陷阱，忙向坏老头儿汇报。

老头儿眉头一皱，说："你们俩研究一下，有什么好办法能过去。"

胖子和瘦子嘀咕了几句，瘦子对老头儿说："头儿，我们有个好主意。我和胖子把您先扔过去，您再把扔在对面的那块木板搭好，我们俩就能过去了。"

胖子笑嘻嘻地附和说："头儿，您那么瘦，我们稍一用劲儿就把您扔过去了。"

老头儿指着瘦子说："他比我还瘦，为什么不把他扔过去？"

瘦子忙说："虽然说我也瘦，可是我更有劲儿。我保证能把您安全地扔过去。"

老头儿没话可说了，他嘱咐两个手下："要扔就用劲儿扔，千万别让我掉进陷阱里。"

"头儿，您放心吧！"两人抬起了老头儿，"1、2、3，扔！"只听嗖的一声，老头儿被扔了出去。

只听"扑通"一声，"哎呀！"老头儿骂道，"你们两个笨蛋，摔死我啦！"

老头儿没顾上喊疼，把木板重新搭好，让胖子和瘦子过了陷阱。两人搀扶着老头儿往前走，走一步老头儿就"哎哟"一声，看来摔得不轻。

走了一会儿，胖子高兴地说："头儿，前面有亮光，古堡藏宝的地方可能到了！”

老头儿一听，立刻来了精神，推开两个手下大步向前走去。

这一切被藏在暗处的小眼镜和小派看得清清楚楚。

小眼镜说：“他们要盗取古堡中的财宝！”

小派一字一句地说：“我们绝不能让他们的阴谋得逞！走，跟上他们！”

大放光明

老头儿向前紧走了几步，看到一个大架子。架子旁立着一个木牌，上面写着：

后来人，这里是我的财宝集中地。只是黑暗遮住了你的眼睛。不过，这个灯架上有8个顶点，每个顶点都有6盏油灯，在G、A两处点着长明灯。你要不重复地一次走遍8个顶点，点亮各点的一盏灯，共走6次，可把全部油灯点亮，到时你会看清楚这里的一切。注意，每次走的路线不能相同，否则你会倒霉的！

古里图国王

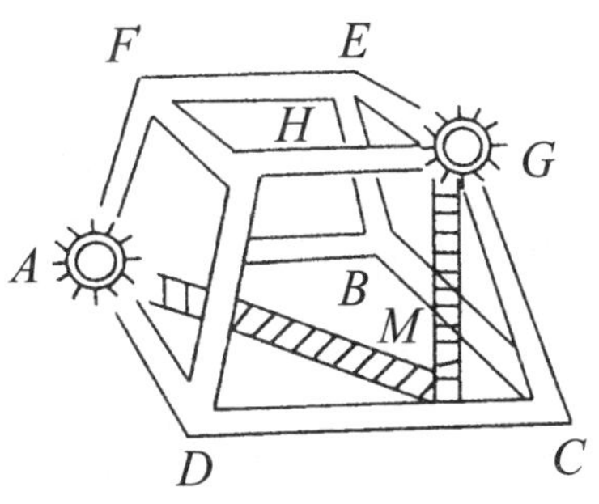

胖子好像看见财宝在向自己招手："哈，咱们把所有的灯都点亮，财宝就全归咱们啦！"

还是老头儿有心计："为了点得快些，咱们分三路走。我从 B 点走，胖子从 D 点走，瘦子从 A 点走。灯没被全部点亮之前，咱们不能碰面。"

"好的。"胖子和瘦子照指示去了。

老头儿从 B 走到 C，胖子从 D 走到 C。瘦子走得快，他是奔亮的地方去，从 A 走到 M，从 M 沿着梯子爬到 G 点，由 G 下到 C。说来也巧，三个人同时到了 C 点。

老头儿一跺脚，说："怎么搞的，咱们这么快就碰面了？"

胖子想了一个主意，他说："甭听那个死国王的，咱们先把 C 点的 6 盏灯点亮再说。"瘦子同意胖子的意见，两人很快把 C 点的灯全点亮了。

说时迟那时快，只听噗的一声，六盏灯同时熄灭，上面掉下来一个大铁笼子，把三个人都罩在了里面。

小眼镜看机会来了，马上说："三个坏蛋出事了，咱们俩来点灯。"

"不能乱点，要先寻找规律。"小派蹲在地上，先设计了一张路线图。

小派说："每次都从 A 点出发，到 G 点结束，共 6

条不同路线，咱俩各走 3 条。”

“好！按着这 6 条路线走，一定能成功！”小眼镜信心满满。

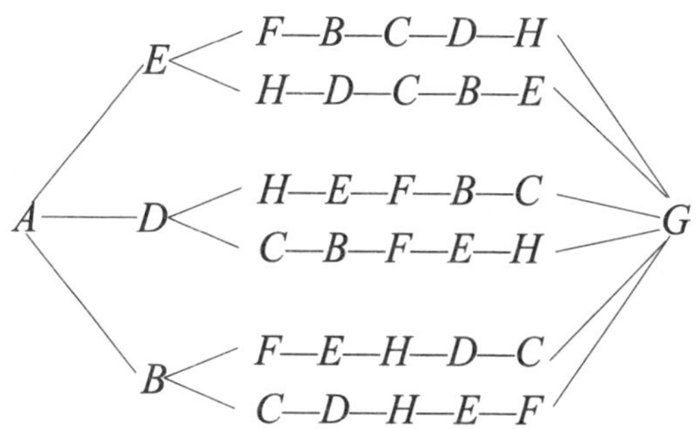

开启宝箱

小眼镜和小派按照路线把灯全部点亮，整个屋子亮如白昼。

“我们成功啦！”

两个人在屋里顾不得庆祝，看见许多大箱子，箱子上分别写着“金子”“珠宝”等字样。

小眼镜首先准备打开写有“珠宝”的箱子。箱子上挂着密码锁，旁边有几行小字：

> 将1、2、3三个数字，按任意顺序排列，可以得到不同的一位数、两位数、三位数。把其中的质数挑出来，按从小到大的顺序排好，用第三个质数的号码开锁。

小眼镜对小派说：“虽然我的数学不如你好，但是这么简单的问题我还能解决。”说完，他躲到一边，要独立完成这道题。

只听小眼镜自言自语：“1不是质数，2也不是，3是。

用1、2、3组成三位数肯定能被3整除，它们肯定都不是质数。两位数中只有个位数为1和3的才可能是质数。这么说来，质数只有4个：3、13、23、31。好，开锁密码是23！”小眼镜把密码锁拨到23。谁料想，哗啦一声，一个铁笼子从上面掉下来，把小眼镜罩在了里面。

“啊！”小派大吃一惊，他想抬起铁笼子，可是铁笼子纹丝不动。

小派忙问：“小眼镜，你刚算出的密码是多少？”

“23啊！”小眼镜显得很有把握。

小派着急地一跺脚：“一共可以排出5个质数：2、3、13、23、31。密码应该是13呀！”

“2？ 2可是偶数啊！ 2是质数吗？”小眼镜有点糊涂了。

小派说：“质数中只有2是偶数，2也是最小的质数。”小派赶紧把密码改为13，铁笼自动升了上去。

话说两头，就在铁笼子罩住小眼镜的同时，罩住坏蛋的铁笼子却自动升了上去，三个坏蛋得救了。

老头儿见小眼镜正要打开宝箱，急得不得了，掏出手枪大喊一声：“快上！”三个坏蛋从三面包围了小眼镜和小派。

老头儿嘿嘿一阵冷笑：“这些宝贝都是我的，看你们谁敢动！”

捉拿盗贼

老头儿拿着手枪，胖子举着匕首，瘦子耍着木棍，从三个方向包围了小眼镜和小派，要把宝箱占为己有。

小眼镜理直气壮地说：“所有文物都属国家所有，私人不得侵占！”

“国家的？谁找到的就归谁！”老头儿指挥胖子和瘦子，“把这两个小孩给我捆起来！”

胖子和瘦子刚要动手，只听一声大喝：“把手举起来！”小眼镜回头一看，是赵叔叔带着几名考古队员端着猎枪站在门口。原来赵叔叔看小眼镜和小派掉队了，已经寻找了好久。

赵队长揪住老头儿衣领，责问道：“说，你从古堡中拿走了多少件文物？”

老头想要赖：“我拿走的文物数……用这个数去除205、262、300，所得的余数相同，哼，有能耐自己算去吧！”

“你难不倒我们！这个数去除三个数的余数相同，说明这三个数中任意两个数的差，一定能被这个数整除。”

小派说着，写出几个算式：

$$300-262=38=2\times19$$

$$300-205=95=5\times19$$

$$262-205=57=3\times19$$

小眼镜也看出了门道，他说：“这个数肯定是19，坏老头儿从古堡中已经偷走了19件文物！”

赵队长追问：“你把文物藏在什么地方？”

老头儿说：“出了古堡的正门走*HA*步，我埋在那儿了。”说完，他写了张纸条递了过去，上面写着：

$$\frac{AHHAAH}{JOKE}=HA$$

赵队长双眉紧皱，说：“*JOKE*！玩笑？开我们玩笑？”

“对。我出的这个特殊的数学式子，你们想解出来，纯粹是开玩笑！”老头儿得意极了。

小派接过纸条，说：“是不是玩笑，还得算算再看。我来试试！”

由 $\frac{AHHAAH}{JOKE}=HA$

可得 $\frac{AHHAAH}{HA}=JOKE$；

再看左边 $\frac{AHHAAH}{HA}$

$$=\frac{AH\times10000+HA\times100+AH}{HA}$$

$$=100+\frac{10001\times AH}{HA}$$

$$=100+\frac{73\times137\times AH}{HA}$$

小派说："由于 *HA* 是两位数，它必然等于 73。"

老头儿一屁股坐在了地上，哀叹："一切都完啦！"

赵队长下令："把这三名文物盗窃犯押走，不能再让他们逍遥法外啦！"

沙漠小城的奇遇

神秘之门

小派和小眼镜是好朋友，他们已经一起进行了很多次历险，所谓“读万卷书，行万里路”。前两次的沙漠历险，使他们对沙漠充满了兴趣，但是因为忙于历险，他们忽略了对景色的游览，所以这次两人又参加了沙漠旅行团，准备来一次纯粹的观光游。

刚到沙漠，他们俩就被这一望无际的浩瀚沙海深深地吸引住了。两人十分兴奋，手拉手在沙漠中打起滚来。他们俩玩得太高兴了，以致全然忘记了旅行团集合的时间，等想起该归队时，却又迷失了方向。

怎么办？两人大声喊叫，然而周围一个人影也没有。小眼镜一屁股坐在地上，像霜打的茄子，垂头丧气地说：“完了！咱俩要被困死在沙漠里了。”

“唉，都怪咱俩不遵守旅行团的纪律，现在又迷路了，旅行团的叔叔阿姨找不到咱们，也要急死了！”小派说，“咱俩不能坐在这儿等死，一定要想办法找到旅行团！”

两人站起来向四周察看，想找一个高一点儿的地方，登高望远，也许能发现旅行团的踪迹。小眼镜向北一指，说：“看，那里有一个沙丘！”两人直奔沙丘跑去，脚忽然被什么东西绊了一下。

小派停下，用手扒了扒，发现沙子里埋着一块方方正正的石板。石板上画了许多小圆圈，还刻着几行字：

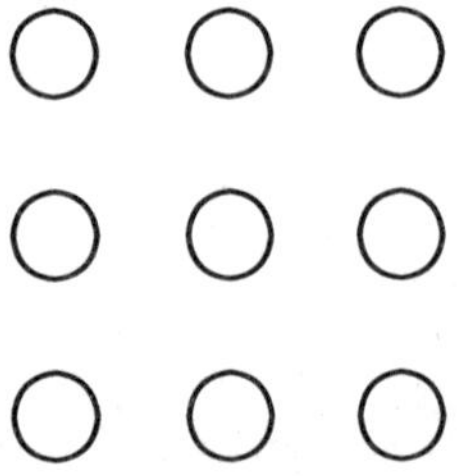

这块石板是通往奇妙世界的神秘之门，从上面正中间的小圆圈开始，一笔画出四条相连的线段，使得这些线段恰好通过这9个小圆圈。线段经过的最后一个圆圈，就是开启神秘之门的钥匙。

好奇心已经把小眼镜刚才的害怕与沮丧冲得无影无踪，他说："咱俩一定要打开这扇神秘之门，到奇妙世界去玩玩！"说完，他开始兴致勃勃地画起线来，小派也在一旁出主意。不一会儿，他们俩便解答了出来。

小眼镜说："就是这个圆圈！接下来该怎么办？"

小派果断地说："按！用力按！"

小眼镜闭上眼睛，伸手去按这个圆圈。

沙漠之城

小眼镜对准圆圈用力一按，只听轰隆一声响，石板向左边挪开，露出一个巨大的漆黑洞口。两人急忙往旁边一跳，小眼镜大叫："真悬哪！差点儿掉进去。"他趴在洞口往里看："里面还挺大，小派，咱俩下去看看？"

小派犹豫着说："咱们是不是应该先去找旅行团？不然他们该着急了。"

小眼镜说："下面是奇妙的世界啊！这下面一定很有趣。我想下去看看。"

"不能让你一个人冒险，要去咱俩一起去！"得到了小派的同意，小眼镜就要往洞里跳。

"慢着！"小派拦住小眼镜，说，"咱们在石板上留下几句话，如果旅行团的人找到这儿，就会知道咱俩在洞里。"说着，小派掏出笔，在石板上写了一行字：小眼镜和小派从这里进入奇妙的世界了！

小派带头，小眼镜随后，两人扑通扑通跳进了洞里。洞不深，他们俩揉揉眼睛，适应了一下光线，并借助洞口透进的阳光，看到脚下是石板铺成的人行道，道路的尽头是一扇大门。两人走近大门，只见大门旁放着许多火把。小派掏出打火机，点着了几支火把。门上写着好多字：

欲开此门，要填对下面10个对立的概念：
奇与□，有界与□□，善与□，左与□，少与□，雄与□，直与□，正与□，亮与□，静与□。

小派说：“咱俩一人填5个，我先填：奇与偶，有界与无界，善与恶，左与右，少与多。”

“看我的！”小眼镜也不含糊，“雄与雌，直与曲，正与反，亮与暗，静与动。”两人核对无误，就把答案填在门上。

最后一笔刚刚落下，门自动打开了。两人手拉手跑进门里，只见一条小河上架有一座石头桥，桥旁还立着一块牌子。小眼镜也不看牌子上写了什么，冒冒失失抬腿就上桥，只见桥上的石头一歪，扑通一声，小眼镜掉进了河里。

“小眼镜！”小派惊恐地大叫一声。

过桥难题

幸亏河里一滴水也没有。小眼镜站起来，拍了拍身上的土，伸出手说："拉我上去！"小派用力把小眼镜拉了上来。

小派说："下次可得小心些！这里立着一块牌子，你过来看看。"只见牌子上写着：

> 你们要过桥，就得帮我们一个忙。我们这里原来树木非常茂密，由于乱砍滥伐，林木急剧减少。我们准备大量植树，可蒙克大臣反对种树，他说，除非能把 16 棵树栽成 12 行，每行 4 棵，否则他将出兵干涉。如果你们能把栽法画在这块牌子上，就能顺利过桥。

小眼镜说："这也太难了！ 16 棵树，一棵树一行，才 16 行。他要求每行 4 棵，而且要栽 12 行，我看这个蒙克大臣是成心刁难人！"

小派却另有看法。他说："如果栽得巧，一棵树可以算在好几行里，关键是这些树的位置如何排列。”

小眼镜点点头：“你说得也有道理，咱俩就帮他们排排试试吧！”两人在地上各自画了起来。

大约过了一刻钟，小派大喊一声：“看，我排出来了！”

小眼镜扭头一看，只见小派画了一个三角形，他仔细一数，16 棵树排成了 12 行，每行不多不少正好 4 棵。小眼镜一伸大拇指，说：“完全符合要求！咱们赶紧把这种栽法画在牌子上。”

小眼镜刚才掉下桥一次，这次过桥还有点儿害怕。小派见状，说：“我在前头走！”两人顺利过了桥。

走着走着，两人看见了许多房子。这里过去很有可能是一个城堡，不知什么原因，被埋在了沙子底下，现在空无一人。当时的居民已经意识到城堡将被埋没，给城堡上面盖了一个巨大的屋顶，避免沙子对城堡的侵蚀，城堡被完整地保存了下来。

两人正被这奇异的空城所震撼，突然，小眼镜往前一指，大叫：“前面有人！”“有人？怎么可能！”小派一看，一间房子的门口果然站着一个穿皮袄的人。小派壮着胆子问：“你是谁？”

穿皮袄的人

小派喊了一声，可是那个人一点儿反应也没有。小派和小眼镜握紧拳头悄悄靠了上去，走近一看，才发现这个人已经被风干了，他脚下有一个大口袋，里面装的全是铁锹、锤子、凿子等盗墓工具。

小派说："看来这个人是来古堡偷盗的，不知为什么死在这儿了。"

小眼镜把这个人上上下下仔细查看了一遍，忽然指着他脑门正中说："快看哪！这个地方有一个洞。"小派凑近一看，果然有一个小洞，好像是被子弹打的。

小派回过头来看，发现门的上方也有一个小洞，显然子弹是从那个小洞里射出来的。再往下看，门上画着三个方框，里面写着数字，下面还有几行字：

1		6
	71	
3		5

2		5
	94	
4		7

4		8
	(　　)	
6		1

这三个方框里的数字之间是有规律的，而且这三个方框里的数字有相同的规律。如果能正确填出第三个方框里括号中的数，可顺利打开此门，否则白搭进一条命！

小眼镜伸了一下舌头：“看来这个穿皮袄的人是白搭了一条命。”

小眼镜拿着笔，问小派：“这括号里应该填几呀？”

小派摇摇头：“我现在也不知道。咱俩可以先从左边和中间的方框里找出规律。”

小眼镜动了动脑筋，说：“由于中间的数字大，四角上的数字小，我想中间的大数应该是四角上的数的运算结果。”

经过一番试验，小派首先找到左边框里的数字规律：

$$1\times1+6\times6+3\times3+5\times5=71$$

小眼镜也找到了中间框的规律：

$$2\times2+4\times4+5\times5+7\times7=94$$

小派说：“就按着这个规律算右边的数字。”

$$4\times4+6\times6+8\times8+1\times1=117$$

小眼镜把数字填进括号里，门果然咯噔一声打开了。

沙漠之英

小派和小眼镜小心翼翼地推开了门，用火把往里一照，屋子里空荡荡的，只有地上栽着一棵半死不活的小树苗。

小眼镜在屋里转了一圈儿，疑惑不解地说：“哪有什么宝贝呀？”

小派指了指地上的小树苗，说：“也许这棵树苗就是宝贝。”

小眼镜不以为然：“这样的树苗哪儿都有，算什么宝贝？”

小派不接话，仔细在四周察看起来，他发现墙上刻有许多字：

后来人：

我们这个国家的树木越来越少，风沙越来越大，土地沙漠化加剧，种植树木很难成活。只有这种经过特殊培养的树才不怕风沙，我们给它起名为“沙漠之英”。“沙漠之英”的生长规律是：

小苗经过1年可以长成树，一棵树经过1年在它的根部新长出1株小苗，可以把小苗取下重新栽种，成年树每年从根部长出1株小树苗。现在有一个问题困扰着我们：一棵小树苗经过多少年繁殖，才能超过100棵？我们这个国家什么时候才能绿树成荫？能帮我们算算吗？

小派指着墙上的字说："看见了吗？这一棵被称为'沙漠之英'的小树苗，就是这个国家的宝贝！"

小眼镜看完深有感触，说："那咱俩快点儿来算算吧！"

"好！"小派边想边说，"1棵'沙漠之英'第一年只是1棵小苗，第二年这棵小苗长成了树，第三年树下又长出了1棵小苗，这时就是2棵树了，第四年小苗长成树，而原来那棵树根部又长出新的小苗，这时变成了3棵树……把每年树的棵数依次写出来是：1，1，2，3，5，8，13，21……"

小眼镜催促说："你快接着往下算哪！"

小派说："不用这样一年一年地算啦！我找到它的增长规律了。从第三项开始，每一项都是相邻的前两项之和。你看，$1+1=2$，$1+2=3$，$2+3=5$，$3+5=8$，$5+8=$

13，8 + 13 = 21……”

“对极了！那第九年是 13 + 21 = 34，第十年是 21 + 34 = 55，第十一年是 34 + 55 = 89，第十二年是 55 + 89 = 144，哈，到第十二年就可以超过 100 棵树了！”小眼镜一口气算出来了。

小派摇摇头，说：“这里只有 1 棵小树苗，要到第十二年才能繁殖成 144 棵‘沙漠之英’，实在太慢了！”

堆积如山

小眼镜和小派来到第二间屋子，这间屋子出奇地大，大批被砍伐的大树被堆积成等腰三角形的形状，一堆一堆的树木如同一座座小山。

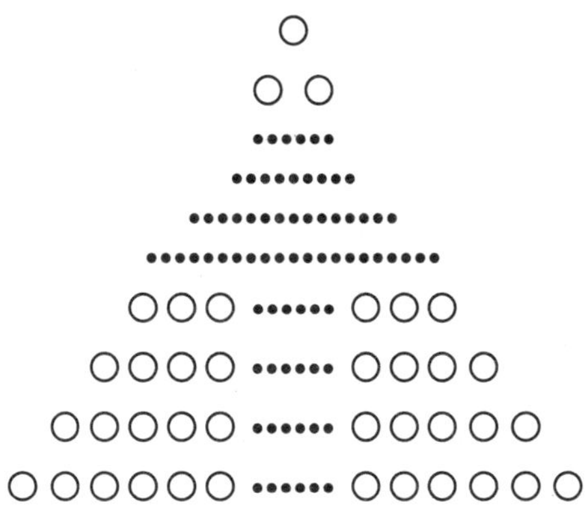

小眼镜叹了口气，说："看哪！这么多大树被砍了，多可惜啊！"

"如果这些大树还在地上生长，一定是一片茂密的森林！"小派话音未落，屋门自动关上了。一根布条从门上垂下来，上面写着：

请在3分钟内算出这间房子里树木的总数，并写在布条下面，门就会自动打开，否则你们将永远留在这间屋子里。

小眼镜看完就急了，嚷道："这屋里有这么多木头，3分钟怎么可能算得出来呢？咱们非困死在这儿不可！"

小派倒是显得十分沉着，说："这些木头的堆法都一样，每堆木头同样多，只要算出一堆有多少根木头，木头的总数就容易算了。"

小派说："每堆的最上面一层都是一根木头，相邻的两层木头，下面的一层比上面的一层多1根，你数出最下面的一层有多少根木头就行了。"

小眼镜飞快地数了一遍，说："66根！"

小派说："把这堆木头看成上底为1，下底和高都是66的等腰梯形，它的面积就是这堆木头的根数。$(1+66)\times 66\div 2=2211$（根），一共12堆，总共是$2211\times 12=26532$（根）。"小眼镜马上把答案写在布条上，门果然呼啦一声打开了。

吃草面积

小派和小眼镜刚想走出屋子，屋门上方又落下一根布条，上面写着：记住，大量砍伐树木会使良田变成沙漠！

两人铭记在心，接着往前走。走着走着，前面出现了一大片空地，地面上钉了许多木桩，每根木桩上都钉着一个铜环，相邻两根木桩的铜环间穿了一根绳子，绳子的两端各拴着一具羊的骨架。

小眼镜好奇地问："这是在玩什么把戏？"

小派没说话，围着这些木桩仔细地查看了一番。他发现，相邻两根木桩的距离都是 20 米，而穿过两铜环的绳长是 30 米，绳子的两端各有一个铜环拴着羊的后腿骨。小派打开铜环，他让小眼镜拉住绳子的一头，自己拉住绳

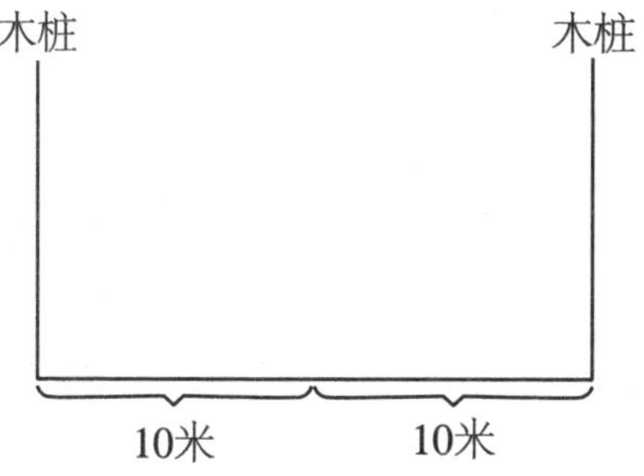

子的另一头，想研究一下这绳子究竟有什么用。

突然，绳子两端的铜环自动合上，分别把小眼镜的左手和小派的右手铐住了。

小眼镜大叫一声："这是怎么回事？把咱俩当成羊了！"

小派看见铜环上缠着一根布条，他打开一看，上面写着：

> 每根绳子都拴着一只公羊和一只母羊，这样做是为了使它们不相互抢吃对方的草。由于绳子在铜环中可以自由活动，因此公羊和母羊既不能分开，又可以最大限度地吃草。如果你能算出这对羊吃草的最大面积，铜环可自动打开。

小派说："我用力拉绳子，把你拉到木桩边上，我的

最大活动半径是 10 米，面积是 $3.14\times10^2=314$（平方米），你也可以像我这样做，活动范围和我的一样大。所以，这对羊吃草的最大面积是 $314\times2=628$（平方米）。”说完把答案写在了布条上。两人手腕上的铜环自动打开了。

两人刚想离开，木桩上又放下一根长布条，上面写着：记住，要保护绿地！过度放养牲畜，会导致土地沙漠化，记住我们的惨痛教训吧！

知识点解析

圆的面积

从右图我们可以看出：如果知道圆的半径，可以计算出图中圆内外两个正方形的面积，圆的面积介于这两个正方形面积之间。而故事中两个木桩的距离是 20 米，也就是最大半径为 10 米。如果用 S 表示圆的面积，那么圆的面积计算公式就是：$S=\pi r^2$。

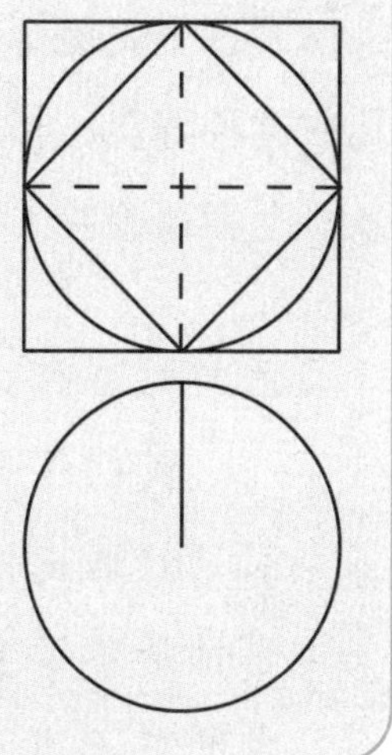

一个圆形茶几桌面的直径是 1 米，它的面积是多少？

遗产的分法

小眼镜和小派又走进一家低矮的农家小院，里面空无一人，东西也已经搬空了。

小派摇摇头，说："显然这里已经无法生活，这家人早搬到别处去了，咱们走吧！"两人刚想出去，大门又咣当一声关上了。

"这里真是奇怪，怎么这么自动化？"小眼镜经历过几次这种阵势，早已经习惯了，他发现门后面贴着一张纸条，上面写着：

亲爱的客人：

我们这里已经沙漠化，无法生活了，我们全家只好远走他乡。我年老体衰，经过长途跋涉，恐怕活不了多久了。我想把我的猪、牛、羊分给我的三个儿子。我有 9 只羊、7 头猪、5 头牛。论价值，2 只羊可换 1 头猪，5 只羊可换 1 头牛。我想使每个儿子分到的家畜头数一样，而且价值也相同。你能帮我分一下吗？

小眼镜看完纸条，深深地叹了一口气："唉，可怜的老人家，临死前还希望把遗产分得公平合理。咱俩就帮帮他吧！羊好分，每个儿子 3 只。猪嘛……7 头，这分起来可能有点麻烦。牛嘛……5 头，也不好办哪！"说到这儿，小眼镜不吭声了，向小派求助。

小派心领神会，说："这有点像整钱换零钱，可以先把牛和猪都换成羊。1 头猪可换成 2 只羊，那么 7 头猪可换成 14 只羊，5 头牛可换 25 只羊。这样，老人所有家畜都换成羊是：9 + 14 + 25 = 48（只），平均每个儿子可分到 16 只羊。"

小眼镜说："可总共只有 9 只羊，没那么多羊可分哪！"

"你别急呀！"小派说，"再算出牲畜的总头数：9 + 7 + 5 = 21（头），每人应分到 7 头牲畜。根据每人应分到 7 头牲畜，而且 7 头牲畜的价值等于 16 只羊，便可得出分法：大儿子分 1 头牛、5 头猪和 1 只羊；二儿子分 2 头牛、1 头猪和 4 只羊；小儿子分 2 头牛、1 头猪和 4 只羊。"

小眼镜掰手一算，高兴地说："行了，每个儿子都得到 7 头牲畜，价值都相当于 16 只羊。快把这分法记下来吧！"

屋里有鼠

小眼镜和小派顺利出了门，继续往前走，突然前面一间屋子里传来很大的响声。

“有情况！”小眼镜紧张地指着那间屋子，脸色都变了。

小派抄起一根木棒，说：“不要怕！进去看看！”

“你饶了我吧！”小眼镜胆子小，掉头就要走。

小派一把拉住了小眼镜，说：“勇敢点！不管是什么，咱们都要进去看个究竟。”说完，小派一脚把门踢开，冲了进去。小眼镜也鼓起勇气冲了进去，可他转了一圈儿，什么也没看见。

“奇怪呀！明明听到里面有声音，怎么进来什么都没有？”小眼镜摸摸后脑勺，心里十分纳闷。

小派指着满地的黑粒，问：“你看这些是什么？”

小眼镜低头一看，说：“这不是老鼠屎吗？”

正说着话，一只大老鼠从小眼镜脚下噌的一声蹿了过去，把小眼镜吓得魂儿都没了。

小眼镜一回头，发现墙上画着一幅画，画上有房子、老鼠、麦穗、斗，每个图下面都写有一个9。小眼镜问："这是什么意思？"

小派想了想，说："我想这幅画的意思是：9间房子里有9只大老鼠，每只老鼠一天要吃9个麦穗，每个麦穗做种子可以长出9斗粮食。让你算一下，这9间房子里的老鼠一天会造成多少损失。"

"这个我会算了。"小眼镜说，"损失的粮食为9×9×9×9＝6561（斗）呀，6500多斗，损失可真不少啊！"

突然，小派向上面一指，说："你看那是什么？"

小眼镜抬头一看，双腿已不自觉地开始发抖。

蛇和老鼠

原来，房梁上垂下一条大蛇，不断地向小眼镜吐着舌头。小眼镜最怕蛇，他一看见蛇，便觉得一股凉气从脚后跟一直蹿到头顶。

小派安慰说："不要怕，这蛇是逮老鼠的，它在保护这座地下古堡。"

小眼镜哆哆嗦嗦地说："蛇再好，我也怕它！"

小眼镜想躲开屋顶这条蛇，一转身，发现墙角又有一条蛇游来。这条蛇一转身，一口咬住一只大老鼠。

小眼镜赶紧蹭到小派的身边，哭丧着脸问："这屋里到底有多少条蛇呀？"

小派指着墙上的一行算式，说："你算一算就知道了。"

小眼镜定了定神，看见墙上写着：六位数"2蛇蛇蛇蛇2"能被9整除，"蛇"代表一个一位自然数。

小眼镜摇了摇头，说："开玩笑！这个算式两头是数字，中间是蛇，怎么算呢？"

小派说："我可以肯定，蛇不少于2条，因为我已经看见两条蛇了。”他一边琢磨，一边不断地观察着四周，看看有没有蛇再钻出来。

小派说：“‘2蛇蛇蛇蛇2’能被9整除，那么各位数字之和也一定能被9整除，也就是说2+蛇+蛇+蛇+蛇+2=4+4×蛇，必然是9的倍数。”

“往下呢？”

“由4+4×蛇=4×（1+蛇），可知1+蛇必是9的倍数。又由于蛇是一位数，所以1+蛇=9，蛇=8。”

“啊，有这么多条蛇呀！快走吧！”小眼镜吓得不轻，拉着小派就走。

掉进陷阱

出屋后，小眼镜松了口气，他感慨地说：“人类如果乱砍滥伐树木，任意破坏绿地，使良田沙漠化，那就是自己毁灭自己！”

小派点点头，说：“这里原来是人类的乐园，现在却成了老鼠和蛇的天堂，想起来就可怕！”两人来到了一块空地，只见空地的中央放着铁锹、铁镐、水桶等工具。

小眼镜高兴地说：“这里有种树的工具，咱俩种几棵树吧！”说完就往空地中央跑去。谁料想，没跑几步，只听扑通一声响，小眼镜掉进陷阱里去了。

“小派救救我！”小眼镜在陷阱里大喊。小派也很着急，他想找一条绳子，把小眼镜拉上来。

小派一抬头，看见一根木头杆子的上方挂着一盘绳子，可是小派不会爬树，小眼镜倒是会爬，但是他在陷阱里呢！小派围着木头杆子转了三圈儿，正没主意，忽然发现木头杆子上贴着一张纸条，上面写着：

后来人：

你的同伴掉进了我们挖的陷阱里，请不要着急。你如果能把我们遇到的一道难题解出来，绳子会自己掉下来。题目是：

我们三个人每人要种 100 棵树，每人种的树都是柳树、杨树和松树。有趣的是，每人种的这三种树的棵数都是质数，而且每人种的柳树的棵数相同，种杨树和松树的棵数各不相同。我们三人每人种的这三种树各是多少棵？

小眼镜在陷阱里问："题目难吗？不难的话，你把它扔下来，我来做。"

"不算难。"小派说，"每人各种这三种树 100 棵，而这三种树的棵数都是质数，可以肯定其中必有一个是偶数，2 是质数中唯一的偶数，因此，他们每人都种了 2 棵柳树，剩下两个质数之和是 98。"

"我做出来啦！"小眼镜待在陷阱里也不闲着，"19 + 79 = 98，其中一个人种的三种树是 2，19，79 棵。第二个人种了 32，31，67 棵，第三个人种了 2，7，91 棵。"

小派拿出笔，把答案写在纸条上。他顺利拿到了绳子，把小眼镜救了上来。

难摘的猎枪

小眼镜爬出了陷阱，直喊肚子饿。其实小派也是又渴又饿，可是在这沙漠古城里，到哪儿去找吃的喝的呢？小派安慰小眼镜说，再往前走走也许能弄到点吃的。两人又继续往前走。

小眼镜指着前面的一间屋子说：“看，那间屋子里有枪！”

“枪？”小派紧走几步，进屋一看，墙上挂着好几支猎枪。小眼镜高兴地说：“有了枪，没准咱俩可以打点野味吃。”说完就去摘枪，可是奇了怪了，这枪硬是摘不下来。小派上前帮忙，但也无济于事。

小眼镜绕着屋子转了一圈儿，想找一找有没有什么机关。他发现墙上有一个拉环，旁边写着几行字：

我们这儿有一个猎手班。如果全体猎手排成一行从左到右1至3报数，那么，最右边的一个人恰好报3。这时，凡是报3的人都向前迈一步，得到新的一行。新的一行再从左到右1至3报数，最右边的人报了1。让新的一行报3的人向前迈一步，结果只有两个人站了出来。你知道我们猎手班有多少人吗？如果你拉动拉环的次数和猎手班的人数一样多，就可以摘下墙上的猎枪。

小眼镜摇摇头，说："我真想把这个数算出来，无奈肚里无食，头脑发昏，四肢无力，还是你来算吧！"

小派笑了笑，说："你可真会耍赖！因为新的一行最右边的一人报了1，说明这一行的人数被3除余1。又因为这一行报3的只有两人，所以，新的一行有 $3\times2+1=7$（人）。"

"噢，我明白了。"小眼镜说，"最开始一行最右边的人恰好报3，说明原来的人数能被3整除。所以，这个猎手班一共有 $3\times7=21$（人）。"说完，小眼镜用力拉动拉环21次，哗啦一声，墙上的猎枪全掉下来了。

小眼镜拿着猎枪高兴地喊："哈，我们有枪啦！"

不能饿死

小派和小眼镜每人扛着一支猎枪，到处寻找可以吃的东西。真是无巧不成书，他们俩发现一只大箱子，上面写着“食品贮藏”。

小眼镜高兴地说：“真是天无绝人之路！我正饿得要死，嘿，这儿就出现了食品贮藏箱。打开它，咱俩饱餐一顿！”他费了好大的劲才打开这个箱子。

小派从食品贮藏箱里拿出一张纸条，上面写着：

食品贮藏箱中的食品被4位探险家带走了，出发时他们每人带走了5天的口粮，他们可以一起向前走两天半（还有两天半的口粮用于返回原地）。由于目的地比较远，而带的口粮又不够，经过商议后，他们提出一种新的方法：每走一天就让一个人先返回原地，剩下的一部分口粮让给其他伙伴，这样可以让其中的一个人走得更远，而所有人又都能返回原地。如果你能算出走得最远的人能走出几天，你就按着那个天数往前走几个房间，那里有他们备用的食品。否则，你们将饿死！

“啊，饿死！这太可怕啦！”小眼镜说，“小派，为了不被饿死，咱俩一定要把这个天数算出来！不过，这个问题真够扰人的。”

小派说：“再扰人也得算哪！咱们一个人一个人地推算：第一个人返回时，余下了 3 天的口粮。”

小眼镜忙说：“不对呀！每人带 5 天的口粮，第一个人只走了 1 天就回去了，应该余下 4 天的口粮，怎么变成

3 天了，还有 1 天的口粮哪儿去啦？”

小派解释：“每一个人回到原来的出发点，还需要 1 天，返回这 1 天也要吃粮食啊！”

“对，对。往回走也要吃粮食。”小眼镜恍然大悟。

小派接着算：“第二个人返回时余下了 1 天的口粮；第三个人返回时多用了 1 天的口粮；这样，第四个人除了自己带的 5 天口粮外，还多出了 3 天口粮，合起来是 8 天的口粮。考虑返回，这个人最远能走出 4 天。”

“哈，马上就可以找到吃的啦！”小眼镜顿时来劲儿了，他迫不及待地推门跑进了这个房间，在墙脚处找到一个很小的盒子，盒子上写着：食品备用箱。

小眼镜看见这个盒子，哭着说：“就这么一个小盒子，里面的食品别说是咱俩吃，还不够我一个人塞牙缝的呢！”

小派说：“先别灰心，打开看看。”

小眼镜打开一看，原来里面装的是压缩饼干。

小眼镜又高兴了，说：“你别看这压缩饼干小，吃进肚子里，胃液一泡就膨胀，还是挺顶饿的。”说完拿出几块放进嘴里，连嚼都来不及嚼，一抻脖子就咽进肚子里去了。

小派说：“你慢一点儿，留神噎着！”小派的话还没说完，小眼镜已经被压缩饼干噎得直翻白眼。

水管出水

小眼镜贪吃压缩饼干，被饼干噎住了。现在最要紧的是找到水，可是这沙漠古城哪里有水啊？小派急得在屋里团团转。

突然，小派在墙脚找到一根水管。小派想：这水管里会不会有水呀？他跑过去仔细一看，发现水管的上方有一个除法算式，还写着几行字：

> 6□÷7=8……△
>
> 在方格中应该填什么数字，才能使余数△的值是最大的？按□下，水管就可以流出水来。

“小派，你快弄点水来呀！噎死我了。”小眼镜痛苦地呻吟着。

小派头上的汗都下来了，他安慰小眼镜说：“你别着急，水这就出来了。”小派迅速思考着：因为除数是7，所以最大余数△=6，由7×8+6=62，可知方格中应该填2。

小派赶快按了 2 下，说也奇怪，水管里真的流出水来了。小眼镜把嘴对着水管子，咕咚咕咚猛喝了一阵儿。

小派说："咱俩赶快离开这儿，不然的话，真要困死在这儿了！"

小眼镜抹了一把嘴上的水珠，说："谁不想赶紧离开这个鬼地方！可是怎么出去呀？"

突然，他们俩听到外面有人叫他们的名字："小派、小眼镜，快跟我来！"

小眼镜慌忙端起猎枪，吃惊地说："这是谁在叫咱们俩？不会是鬼吧？"

小派镇静地说："我听这声音，像是咱们旅游团的向导。"话音未落，旅游团的向导王叔叔带着两个人迎着他们俩走来，小眼镜立刻扑到王叔叔的怀里，放声大哭。

王叔叔笑着对他们俩说："哭什么！这个沙漠古城是我们给青少年安排的一个旅游项目。这里的一切都是我们修建的，目的是让青少年接受一次环境保护的教育，锻炼你们的意志。怎么样，很逼真吧？让你们受苦了！"

小眼镜听王叔叔这么一说，把头一扬，说："哼，我说怎么觉得有点儿假呢！"

小派向小眼镜做了一个鬼脸，说："才哭过鼻子，又开始吹牛啦！"

知识点解析

有余数的除法

故事中，小派遇到的题目 6□ ÷7=8……△是一道有余数的除法问题。根据有余数的除法法则，余数必须小于除数，所以余数是小于 7 的自然数。由于故事中要求余数最大，很显然我们应该取 7，再根据被除数= 除数 × 商 + 余数，求出被除数。

被除数不能被除数整除时，被除数 = 除数 × 商 + 余数，其中余数一定小于除数。

考考你

□ ÷ □ = 9……4，要使除数最小，被除数应该填多少？

不对称的世界

怪人和怪车

晚上，小眼镜在灯下看报，见到报纸上有一行标题——“论不对称美”。小眼镜心想：对呀！这个世界上对称的东西太多了，什么东西一多就不稀奇了，我们也不觉得它美了。如果世界上处处不对称，那该多么有意思啊！

躺在床上的小眼镜还迷迷糊糊地想着不对称的美……

砰！砰！有人敲门。这么晚了，还有谁会来？小眼镜打开门一看，吓了一跳。门口站着一个小怪人，这个小怪人长相很丑。只见他的半边脸大，半边脸小；左胳膊长，右胳膊短；左腿粗，右腿细。

小眼镜紧张地问：“你是找我吗？”

小怪人对小眼镜说：“对，我正是找你。听人说你特别喜欢不对称，所以我特地请你到我们不对称的世界游览。”他说完，就拉着小眼镜的手，走出了家门。

门口停了一辆汽车，这辆汽车很特别，一边鼓起来，一边陷了下去。小怪人坐进鼓的一边开车，小眼镜只好爬进陷下去的一边，躺在汽车里。

小眼镜奇怪地问：“你们的汽车为什么不做成两边一样高呢？”

小怪人笑着回答：“两边一样高？像你们的汽车那样？不成，那样就左右对称了。在我们不对称的世界里，没有一件东西是对称的。”

小眼镜不知所措地点了点头。

汽车走起来不但颠簸得厉害，而且还左摆右晃。小眼镜赶紧叫停车，他爬出汽车一看，四个车轮竟没有一个是圆的。

小眼镜指着车轮问：“车轮不是圆的，汽车怎么走啊？”

小怪人笑嘻嘻地说：“圆是我们最讨厌的形状了。在圆内随便作一条直径，两个半圆都是对称的。我们这儿严格禁止圆形的物体出现。对不起，车轮不能做成圆形的。”

小眼镜只好又爬进车里，一路上，这不对称汽车差不多把他的骨头都颠散了。

不对称的世界

小眼镜和小怪人来到了不对称的世界。这里的楼房七扭八歪，其中有斜三角形的，有梯形的，有的高楼还倾向一侧。

小怪人指着这些建筑物说："你看，这些不对称的楼房多美呀！这里没有一座楼房是相同的，不像你们那儿的楼房，方方正正，像一个个大火柴盒，多么单调！"

到吃晚饭的时间了，他们走进食堂。小怪人递给小眼

镜一双一长一短的筷子。饭后，小眼镜习惯性地把桌上的碗叠起来。“哟！怎么叠不起来呀？”小眼镜低头一看，每个碗形状都不同，根本叠不起来。

后来，小怪人领着小眼镜到一间斜房子里休息。小眼镜小心翼翼地躺在一边高一边低的床上，枕着一边高一边低的枕头。他拉了一张被子盖在身上，他知道这张被子一定不是对称图形的，所以把被子胡乱盖在身上。由于小眼镜这天很疲倦，所以很快入睡了。

突然，一阵喧闹声把小眼镜吵醒了。他一翻身想爬起来，可是他忘了自己是躺在不对称的斜床上睡觉，结果滚到了床下。

小眼镜爬起来看桌子上的钟，却怎么都看不懂。

小怪人进来，看见小眼镜对着钟发呆，就解释说：“我们这里的时间也和你们的时间不一样。我们这儿白天 11 个小时，其中上午 6 小时，下午 5 小时；夜晚 15 个小时，其中前半夜 8 小时，后半夜 7 小时。”

小眼镜惊奇地说：“你们连一天内的时间也不对称，怪不得我看不懂这个钟呢！”

小眼镜趴在窗台上往外一看，外面正在进行足球比赛。这个足球场也太不合乎标准了，半个球场长，半个球场短。两个球门也是一大一小，而且还是歪歪扭扭的。

奇怪的足球赛

小眼镜问："这样的球场怎么比赛？球门都不一样大。"

小怪人说："不能一样大，否则两个门就对称了！"

球赛还没开始，球场上的人就嚷着少了一个人没法比赛。

小怪人说："双方人数不能一样多，一边 11 人，另一边就要 12 人，这样才能保证不对称。"

开球后，一名队员一脚把球传到了对方门前。小眼镜主动上去，急忙用头一顶，心想：这个球是必进无疑了。可是小眼镜根本没顶着球，反而一头撞进了网子里，引得全场哈哈大笑。

小眼镜站起来摸了摸脑袋，心想：奇怪呀！我明明看见球落在这里，怎么会没有顶着呢？

小眼镜拿起足球一看，差一点儿就气昏了。这个足球的一边陷进去一块，另一边又鼓出来一块。

小眼镜狠狠地把球扔在地上，遇到这样一个足球，根本没法踢。

小眼镜看见远处有许多人在植树，植树造林是好事，所以他就跑过去一起做。

小眼镜抄起扁担一看，扁担一头粗一头细，再低头看两个水桶，一个大一个小。小眼镜从远处的溪边装满两桶水，然后挑回来，但是两头总不能平衡。由于一头重一头轻，走起路来扁担总是一上一下摆动，把他累得满头大汗。等他把水挑回去时，桶里的水只剩下了一半。

小眼镜擦着汗，看见旁边有一个既不圆又不方的下水道盖，他想坐上去休息一会儿。谁知道他刚坐上去，下水

道盖往一侧一歪，小眼镜掉进下水道里了。

“救命啊！”小眼镜拼命地叫喊。这时，有人把他推醒，原来是爸爸在叫他。爸爸问他喊什么，小眼镜向四周看看，长长地松了一口气，说:“没什么，还是对称好啊！”

答案

爬上大通道

星期五

巧遇大胡子

$7 \div 10 = \frac{7}{10}$；$20 \div 10 = 2$

走进了岔路

$$\frac{100\times7+90\times14+80\times17+70\times8+60\times2+50\times2}{7+14+17+8+8+2+2}$$

该班这次数学测试的平均成绩是（82）。

恐怖的诅咒

解：$x = 0.2$

武士把门

$a=8$，$b=7$，$c=5$，$d=6$

小金字塔

四棱锥的底面和侧面共有（5）个面，四棱锥有（4）条侧棱。

连滚带爬

0，1，2，6，16，（54），120，（488），896

真假国王

张村：30 + 3 = 33（斤）

李村：30 − 3 + 5 = 32（斤）

赵村：30 − 5 = 25（斤）

吃草面积

$1 \div 2 = 0.5$（米）　$3.14 \times 0.5^2 = 0.785$（平方米）

水管出水

$49 \div 5 = 9 \cdots\cdots 4$

数学知识对照表

书中故事	知识点	难度	教材学段	思维方法
爬上大通道	日期问题	★★★★	三年级	周期性
巧遇大胡子	求一个数是另一个数的几分之几或几倍	★★★★	三年级	除法与分数的联系
走进了岔路	平均数	★★★	三年级	移多补少
恐怖的诅咒	解简易方程	★★★★★	五年级	代入消元
武士把门	三阶幻方	★★★★★	五年级	行、列、对角线上的和相等
小金字塔	四棱锥	★★★★★	六年级	观察图形特性
连滚带爬	找规律填数	★★★★	五年级	数列的排列和变化规律
真假国王	还原问题	★★★★	五年级	倒推法
吃草面积	圆的面积	★★★★	六年级	转化的思维
水管出水	有余数的除法	★★★	三年级	余数小于除数